Marketing

# 市場行銷實務 250講

## 市場行銷基礎檢定認證教材

# 致謝

這本書的出版，筆者要感謝兩個人：巫老師、許秘書長。

25 年前我進入教育體系成為學校教師，專職教授 Office 軟體應用。有一天下課經過某一間教室走廊，看見一位老師被同學圍繞著發問，我很羨慕如此的師生關係，詢問得知，是教授行銷學的巫老師，當時我想，行銷學的內容比較活潑可以唬爛，當然比較受歡迎，我教電腦很難講笑話吧！後來有機會認識巫老師的太太，閒談之間她告訴我：「學長好認真…，經常備課找案例忙到半夜！」，這時的我心中肅然起敬，正所謂：「台上 10 分鐘，台下 10 年功」，沒有人的成功是靠天縱英明的，那是否有一天我也可以進入到管理的領域呢？幼小的心靈埋下一顆種子。

2013 年經友人介紹認識 ERP 學會許秘書長，受邀開發適合高中職學生的 ERP 教材，那是我第一次知道 ERP 這個專業名詞，只知道 ERP 是「資訊 + 管理」的東西，但我卻滿心歡喜地接下新任務，一個月內白天 Google 找資料、案例，晚上做夢如何將碎片式的資料組合起來，整整一個月我才有了清晰的書籍架構，我不再失眠做夢了，又經過 9 個月，全書完成全省巡迴舉辦教師研習，推廣書籍、認證，事後我問許秘書長為何找一個門外漢開發教材，實在有違常理，他回答說：「你不懂 ERP，但我們懂啊！」，這是何等的智慧與胸懷！

完成 ERP 處女作之後，我也正式跨界進入管理的領域，陸續開發了：物流管理、物聯網商務創新應用、電子商務，到今天的網路行銷，更要感謝多年來支持我的所有老師與讀者！

巫老師現職：　國立政治大學　企業管理系　教授

許秘書長現職：國立中央大學　管理學院　院長

# 作者序

一般管理類教材的內容架構，多半以「理論架構為主、案例為輔」，對於高等教育或許適用，但對於專注力較差的高中生或是部分學習成就較低的大專生而言，超過 10 分鐘的理論就足以讓學生全部睡著了。

學生看漫畫、看小說都不會睡著、更不會累，證明：「學生都不喜歡讀書」這個論點是錯的！學生不喜歡的是「無趣」的書，無趣的教學方式！企業經營案例原本是精彩的，但被整理歸納為「理論、架構」後，有趣、精彩的劇情不見了，成為無趣、苦澀、難以下嚥的濃縮教條，但家長、老師、大人們卻對學生說：「吃得苦中苦方為人上人！」。只為了少數的人上人，卻讓云云學子過臥薪嘗膽的日子，好像不太明智，更不符合「管理」的使命！

本書開發的中心想法就是讓學生聽故事，透過案例引導，讓學生與授課教師可以產生「發問、質疑、討論、實作」的互動，徹底脫離老師光講、學生光抄、期末考試的刻板教學模式。教材開發時就是以 PowerPoint 為工具，規劃出 250 個講題、案例，更搭配 100 支影片讓課程更為精彩、有趣。

有人說知易行難，有人說知難行易，都對，也都不對！主要是「對象」。再次強調，對於非人上人的多數學生而言，換一種思維、換一種教學方式，可以讓教、學雙方都有更佳的成就感！

林文恭、俞秀美

2020/01

# 目錄

# Marketing
# 行銷市場

Market 就是市場，Marketing 就是研究市場的科學，也有人翻譯為行銷學！市場學包含哪些東西呢？

我的答案很簡單：市場即是生活

> 無時不在 anytime、無所不在 anywhere、無所不包 anything

這樣說似乎太籠統了，舉例如下：

⊘ Apple 手機在美國設計、中國生產、全世界販賣，所有的行為都是市場學的範疇。

⊘ 個人由求學開始，累積自己的學習紀錄、活動紀錄、獎懲紀錄，應徵工作時提供此資料，並為自己撰寫一份文情並茂的自傳，幸運的話獲得面試機會，侃侃而談自己的豐功偉業，這一切都是市場學的範疇。

⊘ 麥當勞為小朋友舉辦慶生活動，將微笑符號印記在小朋友的心中，這更是市場學最高明的手法！

# 課程大綱

| 市場行銷 | |
|---|---|
| 1. 不可不知的經濟學 | 2. 消費者需求 |
| 3. 行銷概論 | 4. Price：價格 |
| 5. Product：產品 | 6. Place：通路 |
| 7. Promotion：促銷 | 8. 國際行銷 |

本教材包括 8 個單元，簡述如下：

1. 不可不知的經濟學

2. 消費者需求

3. 行銷概論

4. Price 價格：定價策略與消費者定位

5. Product 產品：產品研發、設計、組合對市場的影響

6. Place 通路：通路選擇、通路轉移對市場的影響

7. Promotion 促銷：促銷活動、策略個案探討

8. 國際行銷：全球化企業的個案探討

# 不可不知的經濟學

如果:「我有萬貫家財,我就去環遊世界、享用天下美食、…」,這一切都建立在「如果」必須成立…!對於絕大多數的:個人、企業、組織、國家來說,永遠是想要的很多,能夠實現的很少。

經濟學開宗明義:「經濟學就是用來解決:資源有限、慾望無窮的問題」!

| 生活科學 | 小王月收入 30,000,交通、餐飲、育樂、儲蓄、…,各項開支如何調配才能讓自己獲得大快樂呢? |
|---|---|
| 企業決策 | 天才企業可動用資金 1,000 萬,投資、研發、建立通路、人才培訓、…,各項企劃案的重要性,如何抉擇?既可維持短期經營績效,又可兼顧長期策略發展? |
| 國家發展 | 國家預算編列、稅率的訂定、培植重點產業、教育預算、穩定物價、…,這一切政策都是取決於政府團隊的經濟決策! |

## 📢 影響水果攤生意的因素？

市場包含以下幾個要素：買家、賣家、商品、交易場所、交易時間，哪些因素會影響交易呢？如何影響？

1. 風調雨順水果豐收，市場上供過於求。

2. 連續 3 天豪大雨，水果供應失調。

3. 政府發布農藥殘留檢驗報告，多數水果不合格，會致癌。

4. 水果外銷，檢驗不合格被退回。

5. 專家發布研究報告，多吃水果可以預防癌症。

6. 政府宣布軍公教調薪 10%。

7. 政府開放國外水果進口。

8. 貫穿全國的交通動脈被洪水淹沒，需 3 個月才能復原。

9. 農藥價格大漲。

10. …

# 🔊 豐收經濟學

農會的角色？　　政府的角色？

從小讀書，課文中都會寫：「風調雨順，國泰民安」，在古時候物資缺乏年代，這種說法是成立的，但進入自動化生產時代，風調雨順就會造成：「生產過剩，價格崩跌」。

台灣每年到了夏天水果盛產的時節，去年價格好的水果就會被農民搶種，導致今年生產過剩、大馬路兩側到處是水果攤。價格崩壞的結果，農民成了最大的受害者。

農民該種什麼水果呢？當然是選擇「價格高的，會賺錢的」，因此根據去年經驗去搶種熱門水果，但人人搶種的結果，勢必：供給過剩 → 價格崩跌，農民只看到眼前的利益，但農會組織呢？政府部門呢？

成立農產運銷公司，整體規劃農業生產計劃、銷售配套措施，維持農產品在市場上的供需平衡，一旦供需失調，立即啟動農產品收購及農產品加工應變措施，維持市場價格穩定保護農民生計。

## 🔊 颱風經濟學

| 受害產業？ | 獲利產業？ |

颱風季節到了，農民當然是最大的受災戶，這句話只說對了一半。颱風從南部經過，南部產生嚴重的農損，市場供給嚴重短缺，北部未被颱風波及，北部生產的農產品因此可以賣到好價格，所以有人賺到錢了！可能是農民，更可能是農產批發商！

同樣的道理，颱風吹垮了房屋、招牌，洪水沖垮了道路、橋樑，民眾受損了，營建商、建材批發商、裝潢公司、…卻大發利市，工程接不完！

對國家來說，颱風、洪水也不見得是壞事，疲弱的經濟可以因為災後重建工程的啟動注入新的活力，政府花錢 → 企業賺錢 → 企業投資 → 就業增加 → 員工賺錢 → 員工花錢 → 企業成長 → 政府稅收增加 → 加強公共建設，如此形成一個良性循環，政府治國的觀念應跳脫一般百姓「勤儉持家」的概念！

## 商品的替代性

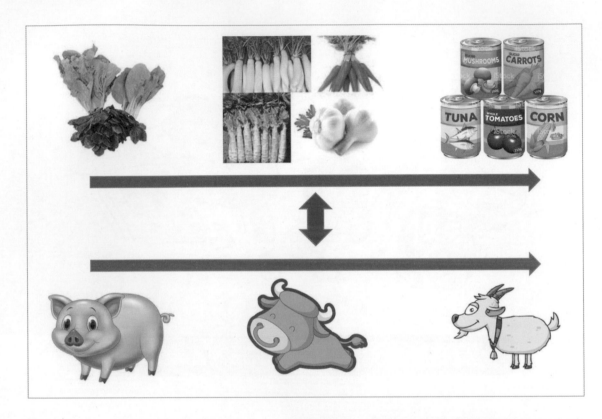

颱風來了，葉菜類蔬菜供給減少 → 價格飆漲，勤儉持家的婆婆媽媽們就會改買根莖類蔬菜，因為較便宜；但颱風如果造成巨大災害，連根莖類農產品都受損嚴重，大家只好採購罐頭食品，雖然東西不一樣，品質有差別，但在特殊時期，消費者是可以忍受的，這樣消費行為的改變我們稱為：「產品有替代性」。

葉菜類蔬菜換成根莖類蔬菜，消費者接受度較高，我們稱為「產品替代性高」，但另一種情況是：「蔬菜變貴了，改吃肉」，改得過去嗎？兩者的可能替代性就低多了！

市場上替代性產品多、替代性也高時，產品不容易調漲價格，甚至會因為替代品價格調低後，連帶拉低商品價格：

| | |
|---|---|
| 案例一 | 台灣產生豬瘟，消費者立刻改吃牛肉、羊肉，或者由國外進口冷凍豬肉取代國內溫體豬肉。 |
| 案例二 | 西瓜盛產 → 價格崩跌，連帶香瓜、哈蜜瓜價格也跟著受影響。 |

## 🔊 獲利最大化

 總獲利 = 單位獲利 x 銷售數量

追求最大獲利是一般企業的常態，可能採取的策略如下：

1. 增加單位獲利。常見的手法就是降低費用、降低成本，以提高獲利。

2. 增加銷售量。這裡的做法就相當分歧了：

   A. 廣告促銷：砸銀子，增加產品能見度，擴大市場規模。

   B. 薄利多銷：降低產品價格，以便提高銷售量。

哪一些策略適合哪一些產品、產業呢？舉例如下：

| 牙膏 | 刷牙習慣是固定的，牙膏的用量也是相對小的，因此很難因為牙膏價格降低而增加銷售量。 |
|---|---|
| 餐廳 | 餐廳促銷降價後，生意明顯轉好，翻桌率大幅提升。 |

| 旅館 | 遇到重大節慶、連休、賽事，觀光旅館房間一位難求，房間的供給是無法增加的，因此旅館業只能在淡季採取降價銷售。 |
| --- | --- |
| 咖啡 | 買一送一，立刻大排長龍，但咖啡喝多了也傷身體，業者就推出寄杯活動，優惠時先買著寄存，後續再一杯一杯提領。 |
| 書籍 | 是一種標準化商品，每一家書店所販售的哈利波特品質都是一樣的，你賣的便宜，消費者就跟你買，你賣貴了，消費者就轉向其他商店購買。暢銷書更要打折，因為每一家書店都有現貨供應！非暢銷書反而不用打折，因為市場上有書的商店不多。 |
| 電視 | 生活水平不高時，全村人有一台電視那可就稀罕了，隨著自動化生產，電視價格越來越親民，現在很多家庭，每一間房間都有一台電視，連媽媽做飯的廚房、全家用餐的餐廳也擺一台電視。 |

價格降低後會增加銷售量的，我們稱此產品具有「價格彈性」，每一個產品在不同的環境條件會有不同的彈性，例如：在富裕國家，肉類產品的價格彈性就不高，因為對於富裕國家人民而言，天天都在吃肉，不稀罕！但在窮困國家，一年才吃一回肉，當肉價大幅降低，肉的需求量就大幅攀升，肉品的價格彈性就很大。

⟩ 價格彈性高的產品：適合採取「薄利多銷」的行銷策略。

⟩ 價格彈性低的產品：必須創造新的需求，才能增加需求量。

例如：波菜中的鐵質會讓牙齒感覺澀澀的，因此美國小孩不喜歡吃波菜，1929年美國連環漫畫「大力水手」，主角卜派吃了波菜後神力大增，痛揍壞蛋布魯托，得到女主角奧莉薇的歡心，此漫畫讓當時的小孩掀起食用波菜的熱潮。

## 🔊 規模經濟

這些產業為何都砸大錢做廣告？

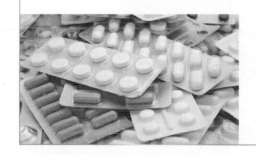

研發一部新型轎車、研發一款新材質運動鞋、研發一款新藥、甚或建立餐點外送通路，可能都得花上數年、數十億資金，這樣的事業都是資金密集的產業，尚未有收入就必須先投入龐大資金，因此銷售量若無法達到一定的規模，就必然注定失敗，這樣的行業擁有極高的毛利率，但卻也是失敗率極高的產業，因為成敗的關鍵在於經濟規模。

研發一款新藥假設耗費 10 年 + 1 億美金，若只賣一顆藥，這一顆藥的研發成本就是 1 億美金，若銷售量達到 1 億顆，那每一顆藥所分攤的研發成本就只有 1 美元，只有讓銷售量超過經濟規模，產品價格才能降低到消費者可以接受的程度。

大眾媒體廣告價格都非常昂貴，例如：電視廣告、報紙廣告、…，據說世界盃足球賽，每 10 秒廣告費都是以數百萬美元計價，一般企業絕對無力負擔，但對於上述的資本密集企業而言，相對於研發經費的投入，數千萬廣告費也只是九牛之一毛。

# 🔊 傳統經濟學 vs. 行為經濟學

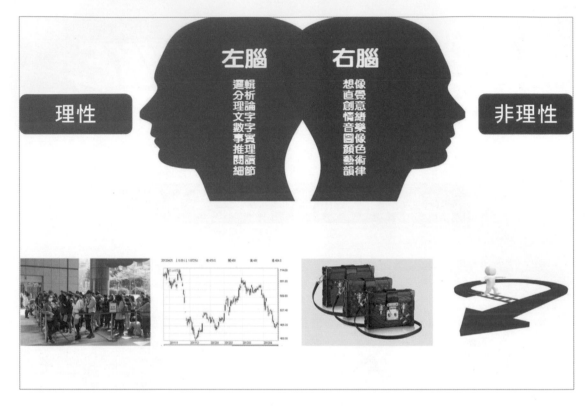

傳統經濟學基本假設：人們的行為準則是理性的。

行為經濟學基本假設：大多數人既非完全理性，也不是凡事皆自私自利。

行為經濟學形成於 1994 年，哈佛大學經濟學家戴維·萊布森 (David Laibson) 從心理學和行為角度探討了人類的意志和金錢，結合經濟運作規律和心理分析，研究市場上人性行為的複雜性。

非理性行為範例：

| 股市交易 | 多數投資人亦受股市氛圍影響，追高殺低，因此只有少數人獲利。 |
| --- | --- |
| 飢餓行銷 | 交不到的女朋友最漂亮、買不到的限量包最值得珍藏、排隊最長的餐廳最美味。 |
| 不勞而獲 | 彎道超車、學習密技、新手速成、…，這些永遠是消費者的最愛，也是行銷業百年不變的招數。 |

## 🔊 景氣好

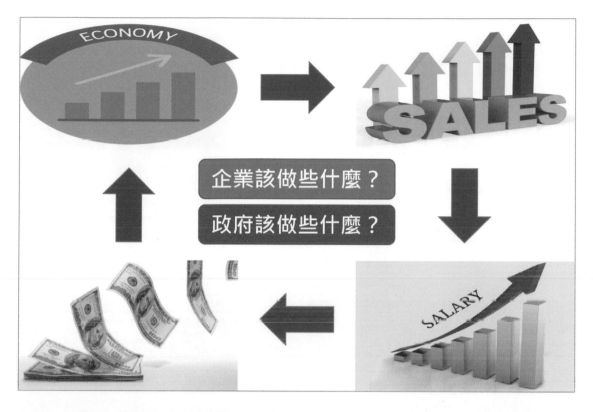

「景氣」這個名詞通常用來描述一個產業、一個國家、甚至全球的經濟活動狀況，景氣好就是很多人賺到錢，具體情況如下：

廠商賺到錢 → 增加投資 → 擴大營業 → 增聘員工 → 人力需求增加 → 薪資上漲 → 消費增加 → 廠商賺到錢！

這樣就會形成經濟的良性循環！

不過！薪資上漲 → 物價上漲 → 房地產價格上漲，當生活費用上漲速度超過薪資成長速度時，惡夢就開始了！

# 🔊 景氣差

物價上漲 → 生活壓力大 → 消費者不敢花錢 → 市場萎縮 → 廠商賠錢 → 廠商縮減投資 → 人力需求下降 → 裁員減薪！

這就是所謂的不景氣，經濟的惡性循環！

不過事情都不是一面倒的發展，所謂「否極泰來」就是說厄運的極致就是好運的開始！

當市場陷入不景氣循環後，一切都變便宜了，人工便宜了、土地便宜了，物價便宜了，競爭對手都倒閉了，市場價格不再崩跌，僅存的廠商就又到了投資的最佳時機！

## 🔊 景氣 vs. 消費

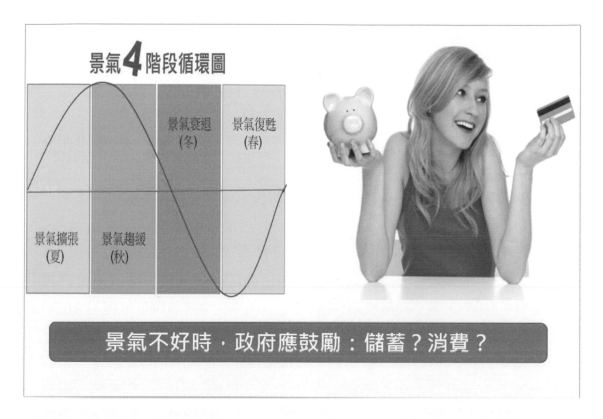

景氣是一種循環，就像四季：春 → 夏 → 秋 → 冬，節氣變化時身體較弱的人容易生病，人們也使用各種工具來調適氣候的變化：衣服、空調！

但景氣變化時，企業、政府如何因應呢？舉例如下：

| | |
|---|---|
| 政府 | 景氣差時，擴大公共建設，大把撒錢到民間 → 活絡景氣，即使是政府沒錢都得舉債救市，唯有經濟活絡了，才能脫離惡性循環。 |
| | 國際貨幣組織對於歐豬 5 國的紓困方案，要求債務國縮減政府支出，公務員減薪，結果是越救越死！ |
| 企業 | 亞洲企業經營理念一般都錯誤使用「團隊」的概念，將經營「家」的概念帶入企業經營，因此遇到景氣不好時便要員工共體時艱 → 減薪、不裁員，表面上是照顧員工，實際上卻是在企業內鼓吹「劣幣驅逐良幣」。因為人力市場是開放、公開的，有能力的人被減薪了，勢必會去找更好的工作，只有沒能力的人被迫繼續留在公司內，日子一久公司人才就被掏空了！ |

筆者的姊夫 25 年前在美國景氣最好的時候接到公司裁員、調職通知書，原部門 5 個人，3 個人留下、2 個人離職或選擇遷調到偏鄉工作，留下的 3 人負責全部工作，但相對的全部加薪，仔細比較看看：

|  | 亞洲企業 | 歐美企業 |
|---|---|---|
| 景氣好 |  | 裁員、加薪 |
| 景氣不佳 | 裁員、減薪 |  |

再舉一個例子：

筆者女兒在美國會計師律師事務所擔任會計師，每年事務所都會對每一個會計師進行績效評量，每一年淘汰 25% 績效差的會計師，同時再引進 25% 的新血，通過評量的會計師就會獲得升職、加薪！

看起來歐美公司好像沒有人性，外商公司的員工工作很沒保障…，亞洲國家近百年來幾乎都在戰亂，因此渴求「安穩」的生活，學校、家庭、社會教育都傾向教育小孩找一個安穩的工作（鐵飯碗），但全球經濟快速變化，國家、企業、個人都面臨環境巨大且快速的挑戰，日本那一套終身雇用制早已破產下台。

近代歐美國家相對處於太平盛世的發展，人們工作是為了實現生活的價值而非追求溫飽，因此不斷的求新、求變，仔細想想看，美國人的平均薪資是中國人的 6 倍以上，但美國企業的獲利能力為何還是普遍高於中國，因為美國員工的平均產值是中國員工平均產值的 6 倍以上！競爭、淘汰才能激勵員工、企業、國家不斷成長，反之，吃大鍋飯的企業文化，掏空企業後，又何來「安穩」的工作！

# 🔊 政府保護

傳統教育在國際貿易的議題中，始終維持「愚民」政策，基於保護民族工業，因此鼓勵國內商品出口、卻阻擋海外商品進口，所用的工具不外乎以下幾項：

A. 進口關稅　B. 出口退稅　C. 政府補貼　D. 法律禁止

國家窮的時候企業根基薄弱，需要國家保護，但保護必須有一定的期限，民族工業必須能自己站起來，否則就會成為被溺愛的「媽寶」！

民主國家是以「民」為主，一切施政應以「百姓利益」為優先，但上面4種做法卻明顯是劫貧濟富，以百姓納稅補貼財團，國內生產高級物資全部輸出海外賺取外匯，供外國人享用，國內百姓只能使用次級品，這完全是窮國的邏輯思維，墮落的廠商就以騙取政府補貼為主業！

回頭檢視一下，台灣的越光米、蘭花產業、古坑咖啡，不就是加入 WTO 脫離政府保護傘後的農業升級嗎？政府要做是提供機會，而不是豢養產業！

# 問題討論：創業計畫

A. 哪一種生意最好做？
你選擇此生意的理由？

D. 你如何推廣業務？

B. 競爭對手為何？
跟競爭對手的差異？

E. 你需要多少資金？
多久損益平衡？多久回本？

C. 你要透過哪一種通路販
售商品？ 理由？

F. 創業資金來源？
如何說服投資者？

市場學是一種生活科學，別人成功的商業模式是難以複製的，因為環境中的變數太多，稍有差異就成為「畫虎不成反類犬」！

市場學 100% 來自於生活的體驗與觀察，因此學生首先必須觀察生活，接著產生自己的想法，並透過市場調查來驗證市場面的可行性，接著透過計畫書製作來驗證財務的可行性，最後還要提出完整的投資方案，以獲得資本投入的認可。

本單元就希望透過創業計畫練習方案，根據以下程序：

> 發想：創業標的。

> 市調：進行市場調查，驗證市場的接受度。

> 計畫：製作財務規劃表，驗證財務的可行性。

> 方案：製作投資方案，進行募資活動。

逐步引導學生進行「點 → 線 → 面」的思考發展！

# 🔊 實體商務 → 電子商務

買東西要去店裡，選商品 → 付錢，整個交易流程都在店內發生，這就是實體商務！美國的亞馬遜（AMAZON）、中國的阿里巴巴（ALIBABA），分別在東西方社會改變了人們購物的方式，在電腦上點點滑鼠，商品自動寄送到家中，貨款也透過網路直接轉帳，這就是我們今天熟知的電子商務！

電子商務之所以快速崛起，是因為它具有以下幾個優勢：

A. 網路平台是一種自動化機制，不需要服務人員隨時招呼，因此可以 24 小時不打烊，也不會因為營業時間而增加成本。

B. 網路無距離、更無國界，因此只要能夠連上網，商家可以賣、消費者可以買，以前必須仰賴廠商進口，託朋友由國外帶回，現在不用了，彈指間自行搞定。

C. 所有商品在網路的資訊都是公開的，透過強大的搜尋引擎，加上 AI 人工智慧與 CLOUD 雲端資料庫的協助，網路購物可達到貨比「萬」家，絕不吃虧！

# 電子商務 → 行動商務

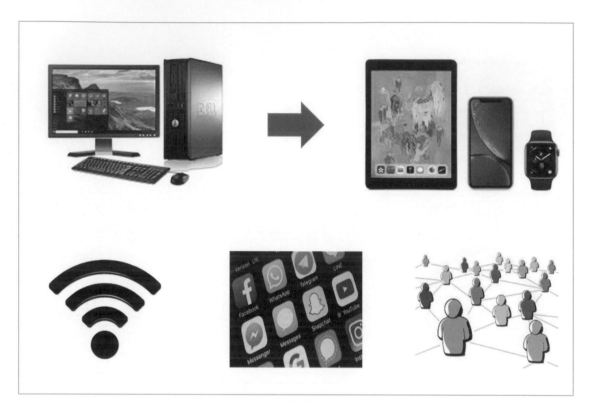

網際網路的時代，INTERNET 將全球電腦串連在一起，但我們一天有多少時間會抱著電腦呢？很顯然的，使用電腦進行電子商務是不實際的，電腦體積太大，又連著一條網路線，要跟著人一起移動是有問題的！

Desktop（桌上型電腦）→ Laptop（筆電）→ Tablet（平板電腦）→ Cell Phone（手機），廣義的個人電腦不斷的縮減體積，可以放在口袋中了，更可一手掌握了！全球無線通訊規範由 IEEE 整合成功，所有資訊產品有共同的資料傳輸規範，不同廠牌、型號的裝備都可互相連結，因此個人通訊裝置無線化的時代來了！

e-Commerce → mobile-Commerce（行動商務）透過行動載具，把所有人都串在一起了，有人潮就有錢潮，大媽聊菜價、辦公室聊八卦、閨密聊時尚、⋯⋯，這裡面蘊藏了無限的商機，餐廳打卡優惠、臉書美食分享、APP 團購、⋯⋯，各式各樣的行銷手法特地為不同「族群」量身訂做！科技拉近了人的距離，更創造無窮的商機！

## 🔊 行動商務 → 生活商務

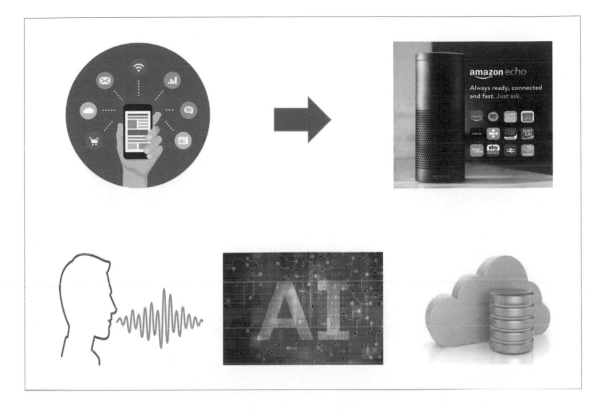

在手機上點點、滑滑就可以購物，似乎已經是方便到了極致，是嗎？有一句行銷經典名言：「科技始終來自於人性！」，用手機上點選商品符合人性嗎？當然不是！

嘴巴開口說：「Alexa 幫我訂一張 9/25 飛紐約的機票，⋯」，然後一切安排妥當，這才叫做人性！ Alexa 就是你的管家，她聽得懂你說的話、下的指令，是 Amazon 派駐到你家的超級總管，上知天文下知地理，更勤儉持家，體力超好 24H 不打烊，EQ 超高不怠工，這才是人性！

透過語音辨識系統接收消費者發出的指令，AI 人工智慧不斷的錯誤學習，天天提高語音辨識精準度，一邊工作一邊吩咐 Alexa 幫忙買機票、訂飯店、查交通、查天氣，就靠一張嘴！

Amazon 在做什麼呢？你家中所有的聲音全部被上傳到雲端資料，包括夫妻吵架、罵小孩、小狗吠吠、⋯，Amazon 變成最了解你的人、你的閨密、你的老鐵，他更是你的最信任的廠商！

## 習題

( ) 1. 下列有關經濟的敘述何者有誤？
   (A) 經濟學就是用來解決：資源有限、慾望無窮的問題
   (B) 如何調配每月收支，讓自己獲得最大快樂
   (C) 如果我有萬貫家財，我就去環遊世界、享用天下美食，此為經濟議題
   (D) 企業可動用資金 1000 萬元，各項企畫案如何抉擇，以讓企業既可維持短期經營績效，又可兼顧長期策略發展

( ) 2. 影響市場上水果價格的因素不含下列哪一項？
   (A) 農藥價格大跌
   (B) 颱風造成水果欠收
   (C) 勞基法通過，最低基本薪資調漲 5%
   (D) 政府開放國外水果進口

( ) 3. 政府成立的農產運銷公司，在農產品的產銷上扮演的角色為：
   (A) 協助農民爭取耕種空間
   (B) 保護農民，免於中間商的剝削
   (C) 透過農產品收購及加工應變措施，維持市場價格穩定
   (D) 透過農產品價格的提高，增加政府的稅收

( ) 4. 面對颱風的災害損失，政府應有的做為：
   (A) 減少政府支出，以為後續天災造成的影響進行財務補償
   (B) 減稅，因為大家都是受災戶
   (C) 鼓勵民眾於颱風前先行到市場採購，囤積商品，後續再拿到市場上銷售，大賺颱風財
   (D) 跳脫「勤儉持家」的觀念，帶頭花錢，為受創的經濟注入新活力

( ) 5. 下列商品具有替代性者為：
   (A) 可樂與漢堡
   (B) 本地牛肉與進口牛肉
   (C) 汽車與汽油
   (D) 汽車與輪胎

( ) 6. 適合採取薄利多銷的商品為：
   (A) 旺季時，旅館業的房間
   (B) 暢銷書

(C) 一個二十，三個五十的紅豆餅

(D) 預期衛生紙將漲價，先買起來放著

( ) 7. 價格彈性，說明價格變動對銷售量的影響關係，請問：

(A) 價格彈性低的商品，可透過降價刺激消費，增加銷售量

(B) 價格彈性高的商品，可透過降價刺激消費，增加銷售量

(C) 銷售量的增加，必定可以透過降低售價而達成

(D) 會採取壓低利潤以求增加銷售量的商品，多為零彈性的商品

( ) 8. 企業砸大錢做廣告的目的在：

(A) 做公益　　　　　　　　　(B) 增加銷售量

(C) 應廣告商的邀約　　　　　(D) 打擊競爭對手

( ) 9. 當廠商生產能力與產量增加時，由於大量採購原料使成本降低，產品每單位製造成本隨產量的擴大而下降所帶來的效益，稱為規模經濟。請問下列有關規模經濟的敘述何者正確？

(A) 未達到規模經濟前，企業都是虧錢的

(B) 未達到規模經濟前，所有的商品都不適合銷售

(C) 透過產量的增加，降低平均成本，產品銷售價格才有降低的空間

(D) 除非達到規模經濟，否則，數量與成本之間沒有特別的關係

( ) 10. 下列有關行為經濟學的敘述，何者有誤？

(A) 認為大多數人既非理性，也不是凡事皆自私自利

(B) 人們的行為準則是理性的

(C) 投資人容易受股市氛圍影響，追高殺低

(D) 從心理學和行為角度研究市場上人性行為的複雜性

( ) 11. 景氣好時的社會現象不包含下列哪一項？

(A) 廠商增加投資　　　　　　(B) 員工薪資上漲

(C) 物價上漲　　　　　　　　(D) 政府提出許多獎勵投資措施

( ) 12.「唇膏效應」（Lipstick Effect）是指一種有趣的經濟現象。在美國，每當在經濟不景氣時，唇膏的銷量反而會直線上升。在經濟不景氣時，不可能出現下列哪種情況？

(A) 政府積極推動公共投資與減稅等政策

(B) 銀行採取金融寬鬆政策

(C) 企業會增加資本性支出，如擴建廠房，增加機器設備的投資

(D) 房地產價格下滑

( ) 13. 景氣差時，政府如何因應呢？

    (A) 擴大公共建設

    (B) 應縮減政府支出，帶頭減薪

    (C) 要求人民共體時艱，節省過生活

    (D) 這是一種循環現象，不須有所作為

( ) 14. 歐豬 5 國 (PIIGS)，不包含下列哪一國？

    (A) 希臘 (Greece)    (B) 葡萄牙 (Portugal)

    (C) 義大利 (Italy)    (D) 盧森堡 (Luxembourg)

( ) 15. 在國際貿易的議題中，基於保護國內產業，常用的工具包含：

    (A) 進口關稅    (B) 出口退稅

    (C) 政府補貼    (D) 以上皆是

( ) 16. 市場學是一種生活科學，有關創業計畫練習方案的程序為：

    (A) 發想 → 計畫 → 市調 → 方案

    (B) 發想 → 市調 → 計畫 → 方案

    (C) 方案 → 市調 → 發想 → 計畫

    (D) 市調 → 發想 → 方案 → 計畫

( ) 17. 電子商務所具有的優勢不包含：

    (A) 不會因為營業時間而增加成本

    (B) 彈指間自行搞定交易

    (C) 網路購物可達到貨比「萬」家不吃虧

    (D) 詐騙集團不容易產生

( ) 18. 行動商務的裝置不包括下列哪一項？

    (A) Laptop ( 筆電 )    (B) Local phone ( 市內電話 )

    (C) Tablet ( 平板電腦 )    (D) Cell Phone ( 手機 )

( ) 19. 下列有關生活商務的廠商及對應的語音助理錯誤的是：

    (A) Amazon：Alexa    (B) 小米：小愛同學

    (C) Apple：Siri    (D) Google：Cortana

# 消費者需求

賣場中的消費者形形色色：

有錢人、沒錢人、男人、女人、高薪、低薪、老人、小孩、⋯

每一個消費者的需求都是不同的：

要便宜的、漂亮的、低調的、實用的、酷炫的、獨一無二的、⋯

你是一個賣家，你要賣什麼產品呢？哪些人是你的客戶呢？這些客戶希望產品的功能、外觀、價格、⋯，又是如何呢？

認識「消費者」進而確認「消費者需求」是企業從事以下一連串動商業活動的基本工作：

商品挑選 → 產品定位 → 產品定價 → 通路選擇 → 行銷策略

# 富人 vs. 窮人

工作 → 賺錢 → 改善生活，這是一般人平凡的生活軌跡，但經過 20~30 年的職場奮鬥後，同期的工作夥伴有些人有房有車，有些人卻借貸過日。去除運氣、際遇的因素，筆者認為問題大多出在價值觀。

何謂改善生活？是改善今天的生活，或是改善日後的生活？將錢花在哪裡呢？教育、娛樂、儲蓄、投資？

⊙ 年輕人買車子，載女友很拉風：20 年後，車子報廢了、女友跑了。

⊙ 年輕人買房子，付房貸很辛苦：20 年後，房子漲價了、娶了別人女友。

人的一生時時刻刻都在作抉擇，求學、就業、娶妻、生子、買房、…都是抉擇，多數人抉擇時看的是「當下」，講究的是「價格」，因此都在討論「貴不貴」的問題，卻只有少數人，可以將眼光放遠，著眼於「未來」的回報，這些人講究的是「價值」，因此談論的是「值不值」的問題。

鴻海郭台銘年輕時將資金投入產業發展，而不是土地炒作，20 年後鴻海成為全球最大 3C 代工廠，郭台銘成為台灣首富。

# 老人 vs. 年輕人 vs. 小孩

不同世代對於價值的認定是有很大代溝的：

> 年輕學生：同儕效應 → 追求時尚

> 職場人士：世故務實 → 追求性價比

> 退休人士：看破紅塵 → 追求心靈慰藉

物資缺乏的時代，賣方掌控市場，消費者選擇不多，只需要進行「大眾」行銷，例如：一種衣服只有 3 種尺碼、3 種顏色，消費者就很滿足了！

物資氾濫的今天，消費者異常挑剔，多的是選擇的機會，若沒有比家中衣櫥 100 件衣服更棒的選擇，實在沒有必要再買，因此必須研究「分眾」行銷！

世代差異的形成，更大的原因在於養成環境的大不同，以筆者為例：

> 筆者父親小時候經過戰亂物資缺乏時代，因此珍惜萬物。

> 筆者自己生逢台灣經濟奇蹟年代，勤奮、打拼是生活的宗旨！

> 筆者的下一代歷經台灣失落的 20 年，對未來感到茫然…

三個世代完全不同的成長背景，更擁有不同財富與消費能力！

# 性別 → 經濟獨立 → 家庭解構

- 工商業的蓬勃發展，人口流向大都市，大家庭結構逐漸演進為小家庭。

- 由於教育愈普及，兩性平權的倡導，女性在職場上的發展更是不輸給男人，漸漸的…，女性經濟獨立了。

- 城鎮化生活經濟壓力大，家庭收入也逐漸由單薪轉變為雙薪。

- 男、女的經濟地位改變了，結婚的誘因降低了，不婚族變多了…

- 由於人權觀念的普及，性別觀念逐漸被淡化，中性人口比例變多了…

以上的社會改變你嗅到什麼商機了嗎？

- 1111 光棍節：以單身為榮，盡情消費犒賞自己。

- 運動健身、烹飪美食、旅遊行程…熱賣。

- 小套房成為熱銷商品。

- 交友網站成為人際關係的主流。

# 少子化 → 高齡化

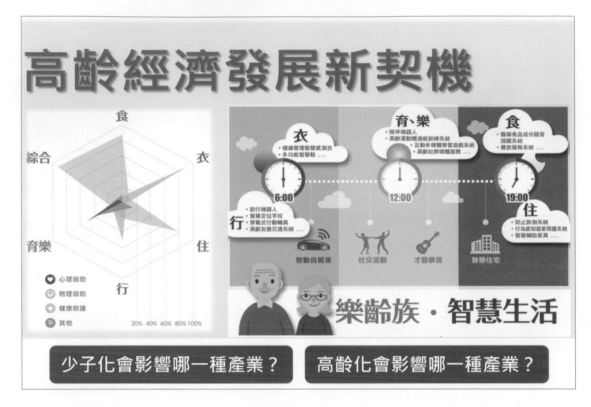

根據聯合國世界衛生組織 (WHO) 的定義，65 歲以上人口為老年人：

- 高齡化社會　：當老年人口比例 7% 以上。
- 高齡社會　　：當老年人口比例 14% 以上。
- 超高齡化社會：當老年人口比例 20% 以上。

經濟高速發展時，百姓收入高，生活壓力低，生育率自然提高，經濟冷卻甚至衰退時，百姓收入低，出生率大幅下降。以筆者個人感受到的台灣經濟變化為例，筆者父親那一代人經濟起飛，每戶最起碼生 4 個小孩，筆者這一代身旁朋友大約都生 2 個，筆者的下一代很多不婚，就算結婚也多半只生 1 個，問題很明顯出現了，整個社會中老人越來越多，年輕人越來越少：

- 社會勞動不足，因此自動化成為產業發展趨勢。
- 眾多的老人是有錢的老人，銀髮產業勢將蓬勃發展。
- 一個年輕人要背負 4 個老人的照護責任，長期照護勢在必行。

人口減少、老化是國安問題，政府必須提出強而有力的人口政策！

# 🔊 富有的定義？

統計數字經常會蒙蔽雙眼，舉例如下：

| 問題 | 歐美先進國家經濟成長率大多 1%~2%，中國經濟成長率 6.5%~10%，因此認定歐美國家經濟實力遠低於中國。 |
| --- | --- |
| 正解 | 中國經濟處於開發中國家，百廢待興，大量的基礎建設成就了經濟成長率。 |

| 問題 | 由於中國經濟崛起，富二代炫富成為社會風氣，多數人誤認為中國消費水平極高。 |
| --- | --- |
| 正解 | 經濟崛起的初期，少數人先富起來，財富集中在少數人，造成貧富差距大，並不是中國人都很富有。 |

在歐洲的大街上看到：

    A. 衣衫襤褸的流浪漢　　B. 街邊擺一台鋼琴　　C. 流浪漢彈出優美的音樂

你如何解讀呢？亞洲人把教育子女作為炫富的工具，音樂卻已是歐洲人生活不可分離的元素，誰較為富有呢？

# 已開發國家 vs. 開發中國家

聯合國以前使用人均 GDP 界定是否為已開發國家,但人均 GDP 不穩定,受匯率、物價影響大。更重要的是,GDP 不能完全代表經濟水平。有些國家依靠石油也能有很高的人均 GDP,但經濟不一定發達,因此聯合國開發計劃署編制了「人類發展指數」,取代單一的以人均 GDP 界定經濟是否發達的方法,人類發展指數高於 0.9 的即為已開發國家。

在經濟發達國家中維持溫飽是基本人權,國民的時間大多花在創造工作的成就感,構築溫暖家庭,善盡公民義務,形成富而好禮的社會。

開發中國家只有部分人富起來,貧富差距大,生活壓力更大,惡性競爭、巧取豪奪,高富帥、白富美成為所有年輕人的生活目標,歐美的智慧財產權到了中國完全行不通(30 年前台灣也是如此),中美貿易大戰中智財權便是主要攻防焦點,開發中國家一般而言,國民教育偏重學業卻故意忽視公民教育,因此在現實生活中,法規只具備參考價值,不排隊、不守法、沒公德心成為常態,好市多在台灣、中國開店,就必須面對大量惡意退貨的消費習慣。

# 科技 vs. 文化

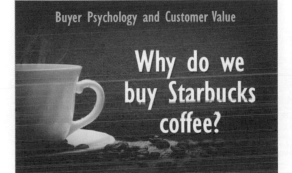

台灣的教育當局不斷強調:「五育並重」,但體育課、美術課、童軍課都被專業老師借去模擬考、總複習,在校內成績高的叫做好學生,體育好的叫作放牛班,喜歡音樂的,叫作沒「錢」途,餵不飽肚子,只有:國、英、數、理、化強的學生才是人才!學校周圍開了滿滿的補習班、安親班、才藝班,為什麼美國小孩下午 2:30 就放學回家,在社區內打球、游泳、玩樂器、…呢?人家都沒前途、餵不飽肚子嗎?

由於價值觀的扭曲,近代亞洲人就只能開工廠,因為我們的偏執教育只能培養出工程師,創新、藝術、音樂、生活與我們的教育是沒有關聯的,筆者從小也受到這種教育體制的荼毒,30 年前看到報紙上刊登新竹科學園區廠商,在公司內開設藝術廊道供員工欣賞,筆者第一個直覺是:「吃飽太閒」!

第一次使用 Apple 手機、看完侏儸紀公園、阿凡達電影後,筆者終於體認到為何亞洲人只能賺「血汗」錢,我們的教育讓小孩子成為計算、背誦的工具,完全沒有創意,更缺乏美學底蘊,因此只能是一個工程師!永遠無法升級為賈伯斯、伊龍馬斯克!

# 大眾行銷 → 分眾行銷

物資缺乏的時代，人們的物質享受很簡單，就是：「有、沒有」。有穿鞋、沒穿鞋，有電視、沒電視，因此商品行銷也很簡單，只要告訴消費者我們有這項商品即可。

隨著經濟的發達，每一個學生至少有 5 雙鞋子，上課、運動、逛街、…，必須搭配不同的鞋子，消費者變壞了，開始挑三揀四了，這就是物資充裕後產生的問題，整個市場的掌控由賣方轉移到買方。

在買方市場中，消費者就是賞飯吃的大爺！廠商必須認真的認識每一種消費者，更進一步了解每一種消費者的需求，因此無差異的大眾行銷轉變為分眾行銷，從商品設計、研發開始就必須鎖定目標市場、目標消費者，例如：

> 好市多：年薪 5~8 萬美元的中產階級，提供物美價廉商品。

> 拚多多：三四線城市，追求極低價位的消費者。

> KATE 美妝：上班粉領族 3 分鐘快速美妝。

# 🔊 消費者要什麼 － 1

Coke：叫我第1名

韓流：歐爸…歐爸…

出國旅遊水土不服時，當地的飲食不習慣時，進入超商看著眼花撩亂的飲料貨架，第一選擇：Coke！為啥？親切＋信任，這就品牌的威力，從小到大、無時無地，Coke 的廣告充滿在你我的生活，久而久之，Coke 就成為你的家人、朋友，深深烙印在每一個消費者心中。

歐爸…歐爸…，很多小女孩瘋了，更多的婆婆媽媽也瘋了，他們都在瘋韓劇，劇中男主角好「漂亮」，不只是漂亮、皮膚更是吹彈可破，比女人還漂亮，韓國政府大力扶植文化影視產業，大規模外銷韓劇，全球掀起一陣韓風，韓國商品更是趁此風潮大行其道，連韓國泡麵都風行全球。

# 消費者要什麼 － 2

蘋果：手機界LV

小米：窮人小確幸

一只 iPhone X 價格超過 $1,000（美元），儘管總銷售量降低了，但總獲利卻又提高了，因為毛利更高了！這就 APPLE 的市場策略，APPLE 的市場定位非常清楚，它的產品不是「電子」業，而是「時尚」業，APPLE 只瞄準高端市場，定位為手機界的 LV，因此產品造型：引領時尚，功能設計：前衛開創，產品品質：細膩高貴，價格真的很高嗎？果粉們覺得：「剛剛好而已！太便宜還顯不出身分！」。

市場上另一個對比：小米，強調產品的性價比、高貴而不貴，鎖定中產階級市場，產品設計採簡約風，價格超平（貧）民，讓消費者在購買時，幾乎不必考慮價格，同時卻不用擔心品質太差、外觀太 LOW，就是窮人的小確幸！

## 🔊 消費者要什麼 − 3

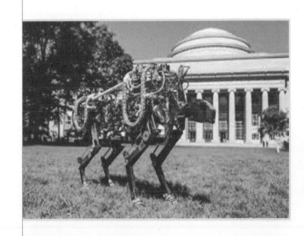

MIT：科技創新的搖籃　　　　北大：中國第一學府

MIT 麻省理工學院是全球頂尖大學之一，因為 MIT 的科研成果改善我們的生活，機器人、人工智慧、…（掃地機機器人就是 MIT 的成果），全世界一流的學者、一流的學生都被吸引到這個一流學府。MIT 擺脫一般學校就是學術象牙塔的印象，將科研能量專注在產業、產品，更鼓勵教授、學生創業，因此成果豐碩，獲得全世界的掌聲。

相較於西方一流大學都是私立的，台灣、中國一流大學全部是公立的，用國家力量培植菁英，加上扭曲的文憑主義，社經地位較佳家庭的小孩進入一流大學的機會相對高很多，這些所謂的菁英就是考試機器，卻缺乏創造力與冒險精神，對國家長遠的發展是不利的。

北京大學也是全球排名頂尖學校，學校科研成果必然也是十分豐碩，但卻鮮少聽聞這些成果可以融入我們的生活，也鮮少聽聞傑出校友創立國際知名企業，東西方一流大學成果對照後，高下立判，自由學風、多元發展才是利國強本之道。

## 🔊 消費者要什麼 － 4

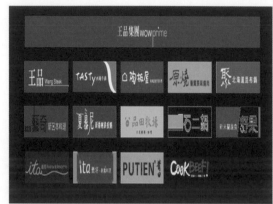

全聚德：我祖上就是作鴨的

王品：有錢沒錢都進來⋯

民以食為天，中華文化更是以吃為中心，北平全聚德的烤鴨也是華人生活中重要的一個點，歷史劇、時代劇中不斷出現以全聚德為背景的時代故事，讓觀眾看劇的過程中口水直流、飢腸轆轆，「Coke ＝ 可樂」→「全聚德 ＝ 烤鴨」。

台灣王品餐飲集團顛覆了筆者對於餐飲品牌與經營的概念！

◎ 價位：由 218~1,300，跨越低收入、中收入、高收入所有族群。

◎ 國界：美式、日式、中式、歐式料理皆有。

◎ 種類：葷食、素食、輕食皆有。

品牌的開發完全以客為尊，鼓勵員工企業內創業，與員工分享企業經營成果，因此成就今日王品集團 18 個品牌（目前在台灣官網上，王品集團的品牌數：台灣 18 個、中國 9 個、新加坡及美國各 1 個）的企業規模。

## 🔊 消費者要什麼 － 5

換電、充電？廠商如何抉擇？

TESLA：雙 B 就是個2

GOGORO：我是被 B 的

「富不過三代」為何成為真理？因為長久的成功會麻痺神經、使人喪志！

TESLA 是一個新創汽車品牌，一家純電動車製造商，它的 CEO 伊龍馬斯克缺乏資金、沒有汽車製造背景與經驗，就因看不慣汽車產業發展牛步化，2003 毅然投入這個需要龐大資金、製造經驗的產業，2018 年全美高端車銷售擊潰雙 B，只花了 15 年就擊潰德國百年造車工藝。

台灣的 GOGORO 電動機車打趴了產業龍頭：光陽、三陽，瑞能創意公司 2011 年成立，是一家研發電動機車電能管理系統的公司，它的系統被光陽機車拒絕了，B 不得已，只好下海研發製造電動車，不到 5 年時間，就將成立超過 50 年的產業巨人扳倒。

TESLA、GOGORO 的故事幾乎是一樣的，只是換了國家、換了產業，故事的視角稍微偏移一下：「富不過三代：雙 B」、「富不過三代：光陽」！

## 🔊 消費者要什麼 — 6

為何總是等不到後浪呢？

英雄就是寂寞…

MS Windows 於 1985 年問世至今已三十多年，目前全球市場上尚無對手，這個系統功能如此強大嗎？非也！簡直就是個瑕疵品，「當機」是使用者習以為常的共同經歷，雖然如此，它卻是市場上的最佳選擇，所有使用者幾乎都是從小就使用 Microsoft 系統及軟體，早期微軟對於落後國家的民間拷貝侵權是採取放任態度，經過 20 年後，對所有教育單位提供團體優惠方案，其行銷策略就是從小紮根，所以學生進入職場後，理所當然地繼續使用 Microsoft 軟體處理公務，這時候，所有的企業就必須購買正式版權了。

三十多年來不斷有人提出自由（開放）軟體的概念，企圖打破 Microsoft 的全球壟斷局面，但結果是完全不成氣候，消費者當然喜歡免費軟體，但目前的自由軟體就如同一盤散沙，所發展出來的軟體在功能與系統的穩定度，與 Microsoft 軟體相比，還有一段不小的差距，不好用的免費軟體是沒有市場的。

# 🔊 消費者要什麼 ─ 7

| 直覺營銷的威力... | 3分鐘美妝 |

Nike 幾乎就是職業運動的代名詞，全球職業運動賽場的廣告牆永遠看到 Nike 的廣告標誌，長期支持職業運動賽事、邀請頂尖職業運動選手代言產品，讓 Nike 的品牌印象深植運動愛好者的心中，因此 Nike 所代表的除了「運動」、「健康」之外，更是「時尚」的代名詞，因此穿 Nike 的運動服外出休閒、逛街都不失禮。

佳麗寶集團旗下的美妝品牌 KATE，主打 No more rules. 15 秒美妝新概念，對於生活節奏快速、工作壓力大的粉領族而言是一大福音，「化妝」在進步的都會辦公室已成為一種辦公室禮儀，如何快速有效率的上妝，也成為新職場女性的必修課題，因此「No more rules. 」、「15 秒」這兩個訴求獲得年輕粉領族的青睞！

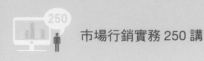

## 消費者要什麼 — 8

| 拚多多：揪團拚數量 | 好市多：低價就是王道 |

「低價」永遠是市場競爭的王道，採購數量少很難談到好價格，一旦採購數量變大了，那價格就好談了！所以，電子商務發展之前，很多人就會找朋友、親戚、同事揪團一起採購，這樣殺價就會比較有力道。到了電子商務時代，網路上揪團更是方便，朋友的朋友的朋友的…，大姑姑的二姨媽的三表姊…，都可以一起揪團買東西，人潮就是錢潮，「拚多多」的崛起就是網路拚團、拚單的商業模式，目標客戶鎖定對價格十分敏感的中國第三、四、五線城市居民，成功聚集 3 億會員，在美國華爾街 IPO 上市 ( 首次公開發行 )。

美國 Costco( 好市多 ) 標榜：物美價廉、會員制度，它的經營策略是採取全球大量採購模式，壓低進貨成本，回饋給客戶，形成如右圖的良性循環。

## 🔊 消費者要什麼 － 9

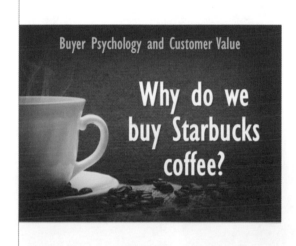

窮人重「實效」：

> 戰亂的年代，古董字畫不值錢，一袋米可以換一個兒子，物資缺乏的年代，填飽肚子是頭等大事，所以特別重視性價比。

富人講「情調」：

> 風調雨順的年代，人人豐衣足食，這時候就產生許多講究了：氣氛、情調、文化、禮儀，日子得過得十分講究，這時候的消費者追求品牌、時尚、質感、服務。

好咖啡要和好朋友分享！喝咖啡聊是非！這是我們日常生活中常聽的兩句話，描述的就是閒情逸致，咖啡幾乎可以作為富裕指數，越富裕的國家咖啡的平均消耗量越大！Starbucks 就是這個時代咖啡的代名詞，消費者喝的是：品牌、以及品牌所帶來悠閒情懷，至於咖啡本身的品質就真不是那麼重要！

# 市場調查 Market Research

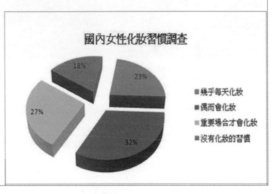

消費者的平均所得有多少？城鄉差距有多大？可支配所得有多高？這一類的統計數字都可由國家發布的經濟數字取得！但是消費者偏好哪一類的商品？哪一個價位的商品？對衣服顏色的喜好？對冰品甜度的選擇？這些消費細節在傳統商務終究必須仰賴市場調查，派出市調人員在大街小巷、商場內、車站旁、…，一一對路過的行人或消費者進行問卷調查。

調查結果成功與否取決於三大因素：

| | |
|---|---|
| 問卷設計 | 問卷的題目、選項的內容是否可以真實反應出消費者的真實意願，並符合本調查的目的。 |
| 調查樣本數 | 樣本數太大所需費用太高，樣本數太小容易產生偏差。 |
| 有效樣本數 | 市調人員在作業前必須受過訓練，對於問卷填寫 SOP 必須嚴格遵守，以確保回收問卷的有效性。 |

時代進步了，透過手機、網站、行動裝置，市調的效率、準確度都會大幅提升，透過 CRM 系統 + 雲端數據庫 + AI 將協助企業取得更精準的消費者需求資料！

# CRM 客戶關係管理

早期的雜貨店就是社區的資訊交換中心，老闆娘認識鄰里內的所有人，哪一家用哪一個牌子的醬油、誰的兒子娶了誰家的女兒、哪一對夫妻昨晚吵架，老闆娘無所不知！所以雜貨店想進什麼貨、進多少數量，全在腦袋中，老闆娘的腦袋中就有一套全功能客戶管理系統。早餐店的老闆娘也是一樣，張大爺走進早餐店，只說一聲：「照舊」，蘿蔔糕 + 蛋煎酥一點，咖啡 + 加奶不加糖就自動準備好端給張大爺，這也是全功能客戶管理系統。

時代改變了，便利店取代雜貨店，店長取代老闆娘，店長是受過教育的，受過訓練的，會使用電腦、會看統計報表，但不再有老闆娘的記憶力，也不再有鄉親的情感，便利店不再是資訊交換中心，店面管理、商品陳列、清潔衛生都進步了！但與客戶疏遠了，消費者必須自己一遍又一遍的告訴服務人員你要買哪些東西，得來速的服務人員當然遠遠比不上早餐店的老闆娘！

但得來速若配置 CRM 系統，在車道入口安裝車牌辨識系統，你的歷史消費紀錄、你的各項喜好將被記錄下來，並於你再次消費時自動顯示，CRM 就是現代的老闆娘！

## 🔊 Fans 經營

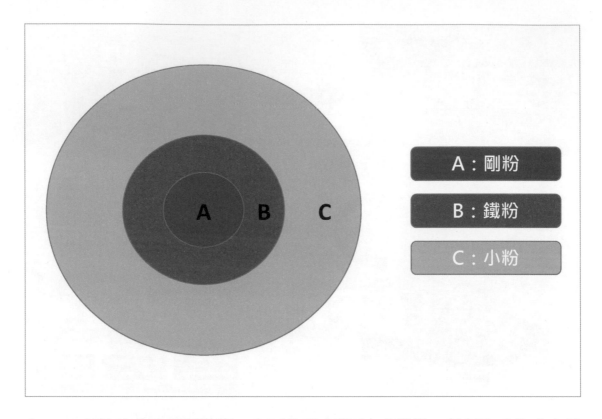

在 1990 年的哈佛商業評論裡，有兩位專家提出：「獲得一個新客戶的成本是保留一個老客戶成本的 5 倍」。如果我們能專注在老客戶身上去發掘更多的價值，毫無疑問會讓我們的銷售工作變得更輕鬆。

在經濟快速變化、新創意層出不窮的現代社會，不管國內還是國外的銷售都越來越有難度。開發新用戶的成本越來越高，難度越來越大，每個人都想去動別人的「蛋糕」，然而沒有人會主動把「蛋糕」送給別人。但是，新手銷售員常犯的一個錯誤就是──過於激進，一味的去追求開發新客戶（當然，這其中也涉及到公司的銷售管理理念），而忽視了去維護已有的老客戶。往往一旦和客戶達成了合作，這個客戶就像被淘汰的玩具一樣被撇在一旁。這是特別愚蠢的一種行為。

一般而言，資深業務人員談笑間輕輕鬆鬆業績達標，業績獎金入袋，但相對的，新進業務人員多半是跌跌撞撞，累得跟狗一樣卻毫無績效，多數無法熬過試用期，因為資深業務擁有舊客戶，新進業務員每一個面對的都是新客戶！

# 🔊 案例：BMW 維修服務

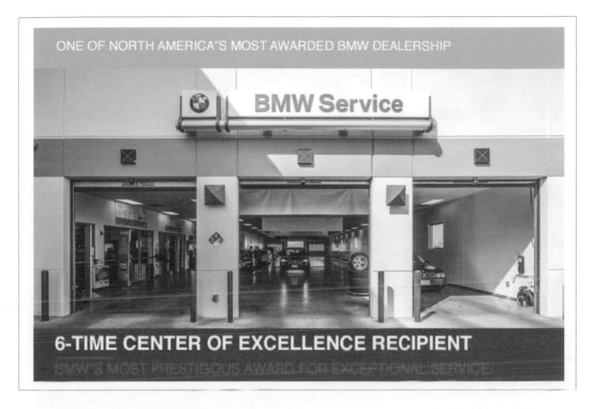

三流業務員：固守營業廳 → 等待客戶上門。

二流業務員：主動出擊開發新客戶 → 擴大人脈。

一流業務員：忠實服務舊客戶 → 產生口碑 → 舊客戶介紹新客戶。

BMW 將客戶回廠維修視為最佳服務與行銷的雙重機會：

| 專業接待 | 聆聽客戶對車輛性能的意見，妥善處理車輛的保養、維修，這是建立品牌形象的最佳服務時機。 |
|---|---|
| 產品推薦 | 車輛進廠維修，若是無法在短時間內完成服務，客戶勢必需要一部代步車，BMW 會將客戶視為上賓，提供比原車輛往上一階的代步車，讓老客戶體驗進階產品的效能，不需要重新介紹、認識、磨合，讓老客戶隨時與企業、與新產品產生連結。人，尤其是有經濟能力的消費者，一旦使用了更好的產品、服務，就很難回到從前，俗語說：「曾經滄海難為水」，BMW 就是最好的實踐！ |

## 🔊 個案：IKIRARI 烤肉店

高端牛排索價不斐，熱愛精緻肉食的一般庶民無力負擔，而平價牛排雖然性價比高，但對於老饕而言肉質太差，IKINARI STEAK 所瞄準的消費者，是對於肉食有強烈喜好的庶民，因此改變餐點內容與用餐方式：

| 簡化菜單 | 拋開前菜，專注吃肉，確保肉品品質。 |
| --- | --- |
| 站著吃 | 顧客鎖定以享受肉食為主的個人消費者，站著吃就可節省用餐空間，縮短用餐時間，增加營運效率，進而降低：成本 → 費用 → 價格。 |

IKINARI STEAK 更以手機 APP 來經營客戶社群，APP 用來登錄客戶的消費，顧客可根據「累積食肉量」來換取免費食肉券，更在 APP 上顯示顧客在社群內的食肉量排名，根據消費肉量來累積分數，更是充分體現以「客戶導向」的經營策略。

IKINARI STEAK 將消費族群鎖定在極小的範圍，卻充分展現出：專業、特色，截至 2019 年 5 月 31 止，全日本有 462 家 IKINARI STEAK，並在 2017 年 2 月挑戰美國紐約以白人為主的牛排餐飲市場。

# 習題

( ) 1. 認識「消費者」進而確認「消費者需求」，企業從事商業活動的基本工作，不包括下列哪一項？

(A) 商品挑選　　　　　(B) 產品定價
(C) 生產地點　　　　　(D) 通路選擇

( ) 2. 富人與窮人的差別：

(A) 窮人抉擇時看當下，富人著眼於未來
(B) 窮人講究價格，富人講究價值
(C) 窮人討論貴不貴，富人談論值不值得
(D) 以上皆是

( ) 3. 下列對於世代價值認定的敘述何者正確？

(A) 年輕學生：追求時尚　　(B) 職場人士：追求性價比
(C) 以上皆是　　　　　　　(D) 以上皆非

( ) 4. 有關消費者特性的敘述，下列何者錯誤？

(A) 大家庭結構逐漸演進為小家庭
(B) 女性在職場上的發展輸給男人
(C) 交友網站成為人際關係的主流
(D) 人權觀念的普及，性別觀念逐漸被淡化

( ) 5. 根據聯合國世界衛生組織 (WHO) 的定義，下列敘述何者錯誤？

(A) 高齡化社會：當老年人口比例 7% 以上
(B) 高齡社會：當老年人口比例 14% 以上
(C) 超高齡化社會：當老年人口比例 20% 以上
(D) 60 歲以上人口為老年人

( ) 6. 當社會出現老齡化現象，許多社會現象都會跟著出現，下列敘述何者為非？

(A) 退休年齡將因產業的變化而降低
(B) 銀髮產業勢將蓬勃發展
(C) 長期照護勢在必行
(D) 自動化成為產業發展趨勢

（　）7. 下列敘述何者正確？

(A) 中國經濟成長率 6.5%~10%，而歐美先進國家經濟成長率大多
1%~2%，因此，中國的經濟實力高於歐美國家

(B) 中國經濟的崛起，使得中國的消費水平極高

(C) 經濟崛起的初期，會造成貧富差距大的印象

(D) 一國的經濟成長率高，其經濟實力也強

（　）8. 有關開發中國家的敘述，何者不正確？

(A) 貧富差距大

(B) 高富帥、白富美成為所有年輕人的生活目標

(C) 國民教育偏重學業卻故意忽視公民教育

(D) 排隊、守法、有公德心為常態

（　）9. 有關台灣教育環境氛圍的描述，下列何者錯誤？

(A) 強調五育並重

(B) 學校周圍開了滿滿的補習班、安親班、才藝班

(C) 重升學，輕體驗學習

(D) 創新、藝術、音樂、生活與我們的教育息息相關

（　）10. 下列敘述何者錯誤？

(A) 採行大量生產、大量配銷及大量促銷產品給所有的消費者，此種
行銷方式為大眾行銷

(B) 把消費者定義成不同族群，像是學生族群，女性族群…然後針對
這些特定族群來擬定行銷策略為分眾行銷

(C) 在買方市場中，適合採用大眾行銷

(D) 在物資缺時代，適合採用大眾行銷

（　）11. 以下敘述何者錯誤？

(A) 物質缺乏時代是賣方市場

(B) 物質過剩時代是買方市場

(C) 買方市場中，廠商多半採取大眾行銷

(D) 買方市場中，客戶就是上帝

（　）12. 下列敘述何者正確？

(A) Apple 的產品是電子業　　　　(B) Apple 瞄準高端市場

(C) Apple 產品設計採簡約風　　　(D) Apple 強調產品的性價比

（　）13. 下列敘述何者正確？

(A) 西方一流大學都是公立的

(B) 台灣、大陸一流大學全部都是私立的

(C) MIT 是指台灣大學

(D) 掃地機器人為麻省理工學院的研究成果

（　）14. 有關台灣王品集團的敘述何者正確？

(A) 主要消費鎖定中高消費族群

(B) 以輕食為主

(C) 美式、日式、中式、歐式料理皆有

(D) 不鼓勵員工創業

（　）15. 下列敘述何者正確？

(A) TESLA 為一家純電動車製造商

(B) GOGORO 原係一家研發電動機車電能管理系統的公司

(C) GOGORO 為一家台灣的電動機車製造商

(D) 以上皆對

（　）16. 有關微軟的敘述，何者錯誤？

(A) 微軟的創辦人為比爾.蓋茲、保羅.艾倫

(B) 早期對於落後國家的民間拷貝侵權採取放任態度

(C) 對所有教育單位提供團體優惠版版權

(D) 進入職場後仍可繼續使用團體優惠版版權

（　）17. 下列敘述何者錯誤？

(A) NIKE 的 Slogan 為 JUST DO IT

(B) NO MORE RULES 為 KATE 的 Slogan

(C) KATE 為資生堂集團旗下的美妝品牌

(D) Nike 給消費者的品牌印象為：運動、健康、時尚

（　）18. 下列敘述何者錯誤？

(A) 好市多的營運策略為透過大量採購，壓低成本，回饋給客戶

(B) 拚多多的目標客戶鎖定在中國第三、四、五線城市居民

(C) 拚多多採取的商業模式為拚團、拚單

(D) 拚多多及好市多均為美國企業

( ) 19. 不同的時空背景，消費者要的不一樣，請問，下列敘述何者錯誤？

(A) 窮人重視性價比

(B) 富人講究質感、服務

(C) 越富裕的國家，人們對咖啡品質愈講究

(D) 喝咖啡聊是非！描述的就是閒情逸致

( ) 20. 市場調查結果成功的因素不包含下列哪一項？

(A) 問卷設計      (B) 調查樣本數

(C) 有效樣本數      (D) 消費者的素質

( ) 21. 有關顧客關係管理的描述，何者錯誤？

(A) Customer Relationship Management，簡稱 CRM

(B) 是一種企業與現有客戶及潛在客戶之間關係互動的管理系統

(C) 藉由對客戶資料的歷史積累和分析，增進企業與客戶之間的關係

(D) CRM 系統無法取代雜貨店的老闆娘

( ) 22. 有關 Fans 的經營，下列敘述何者錯誤？

(A) Fans 的經營種在尊重、分享、溝通

(B) 獲得一個新客戶的成本是保留一個老客戶成本的 5 倍

(C) Fans 的稱法，一般是在該項愛好後加上「迷」這字

(D) Fans 都是盲目的

( ) 23. 不同層級的業務員，行事風格不同，請問，下列敘述何者正確？

(A) 一流業務員：忠實服務舊客戶 → 產生口碑 → 舊客戶介紹新客戶

(B) 二流業務員：固守營業廳 → 等待客戶上門

(C) 三流業務員：主動出擊開發新客戶 → 擴大人脈

(D) 四流業務員：等公司給客戶名單

( ) 24. 根據 BMW 維修服務案例課文，以下敘述何者錯誤？

(A) 三流業務員：等待客戶上門

(B) 二流業務員：擴大人脈

(C) 一流業務員：舊客戶介紹新客戶

(D) BMW 會提供客戶與維修車輛同級的代步車

( ) 25. 廠商成功的因素不包含下列哪一項？

(A) 商品好      (B) 價格優

(C) 售後服務好      (D) 網紅推薦

CHAPTER

3

行銷概論

為何有些人生意特別火？

台 灣士林夜市「老虎堂波霸厚鮮奶」門庭若市，天天大排長龍，為何每一個產業都會有這樣成功的廠商呢？這些廠商成功的原因為何？

1. 商品好
2. 價格便宜
3. 信用好
4. 大家都說好
5. 因為天天都排隊
5. 交通方便
7. 老闆娘笑容甜美
6. 獨家供應
9. 售後服務好
10. 祖墳風水好

經濟景氣是大環境的改變，個別廠商只能承受，但以上列出的各項成功因素卻是廠商透過自己的努力可以達成的，以上這些就是：市場學＝行銷學！

凡是能夠協助達到銷售目的的所有活動，都是市場學的範疇！

# 🔊 Marketing

Marketing 是一門由歐美引進的學問，台灣翻譯為行銷學，中國翻譯為市場營銷學，筆者強烈建議，回到原文會讓定義更清楚。

Market = 市場、ing = 時時刻刻進行中，因此 Marketing 就是研究時時刻刻變動中的市場，我們就舉實際範例來說明市場的變動原因與影響：

A. 葉菜類蔬菜早上由菜園採下很新鮮，在早市賣價格很棒，但過了早市，菜的新鮮度漸漸降低，賣相逐漸變差，到黃昏市場價格只剩 1/10。

B. 氣象局發布颱風警報，所有蔬菜價格應聲上漲，僅管颱風尚未過境也尚未造成農損，但預期心理造成搶購，價格就漲上去了。

C. 政府宣布調整公務人員薪資，早餐店的各項產品價格就漲上去了，因為預期所有人事薪資價格會調漲，所有原物料價格跟著漲。

D. 臨時下了一場大雨，街邊賣雨傘的小販，立刻大發利市，賣光所有雨傘，收攤回家了！

# 市場的發展

傳統市場的形成是為了方便物品的交換、交易,傳統市場包括了:

    A. 固定地點　　B. 固定時間　　C. 不特定的人　　D. 不特定的物品

例如:廟口榕樹下 + 上午 5 點 ~9 點 + 一群商家 + 一群買家 + 一堆商品

隨著生活條件的改善,傳統市場在軟、硬體上有了很大的進步:

    臨時性市集 → 固定式市集 → 室內商場

隨著科技的進步,傳統市場更產生重大的蛻變:

    實體商務 → 電子商務 → 行動商務 → 生活商務

電子商務興起後,實體商務遭受重大的質疑,許多人認為電子商務將會取代實體商務,經過二、三十年的發展,市場告訴我們,兩者不但可以並存,而且應該是虛(電子)實(實體)整合才是最佳商務模式,因此目前發展的主流是 OTO(Online To Offline)線上引流、線下銷售。

## 🔊 科技改變生活

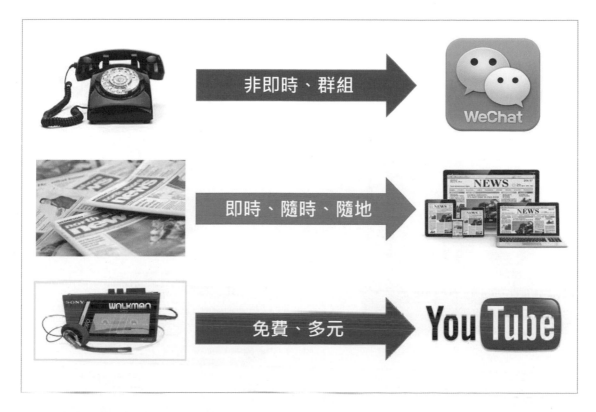

一個創新產品問世之後，會經過一段發展期 → 成熟期，期間產品會不斷地改良：功能更強大、品質更穩定，但是…很遺憾的，一旦市場上又出現可以取代原產品的創新發明，原產品就會無情地遭到淘汰！

⊙ 有線電話 → 無線電話 → 手機 → 智能手機 → 通訊 APP

⊙ 報紙 → 收音機新聞 → 電視新聞 → 網路新聞 → 新聞 APP

⊙ 電唱機 → 收音機 → Walkman → 網路音樂 → YouTube

以上 3 種產品一開始都是漸進式、部分取代舊商品，一旦進入行動商務時代，實體商品全部被殲滅，網路通訊採取吃到飽收費模式，網路新聞、網路音樂更是免費，只須忍受小小的騷擾：廣告。

年輕世代從小接觸 3C 產品，對於網路世界的新產品、新服務、新商業模式都很自然地接受了，反過來；銀髮族也很認真的學習 3C 產品的使用，社區大學、教會課程都在推廣手機的使用，因此，再也回不去舊社會、舊產品、舊服務了！連老人家都天天上網、用 FB 分享生活、用 LINE 聯絡親友、用 YouTube 聽音樂、追劇，時代確實改變了！

## 🔊 變動的市場：日本汽車崛起

1908 年，福特 T 型車下線量產，美國底特律逐漸成為世界汽車工業之都，生產的汽車以豪華大排氣量為主，因為當時汽油便宜，美國經濟強勁，二次大戰後，日本汽車工業逐漸崛起，但日本的能源幾乎 100% 仰賴進口，又是一個地狹人稠的國家，因此以生產小排氣量汽車為主，日本小車外銷到美國，這樣的小車被評價為：低階、不安全、不氣派，市場上乏人問津。

1973、1979 兩次全球能源危機，汽油價格飆漲，美國經濟大崩跌，美國儘管不喜歡日本小車，但日子不好過的時候，省油就是王道，日本小車一夕成為熱銷商品，日本汽車工業也正式超越歐美，成為全球汽車王國。

能源危機 → 汽油價格飆漲 → 省油小車崛起，若油價又大幅下跌呢？消費者當然又轉向豪華大型車，也沒有廠商願意投入省油引擎的研發，所以能源危機更是某些產業的轉機！

2002 年中國爆發 SARS 疫情，並擴散至全球，人人懼怕被傳染，因此遠距視訊會議趁勢崛起，因此重大危機 = 巨大商機！

# 變動的市場：電動車崛起

燃燒廢氣排放產生溫室效應、地球臭氧層破洞，引發極端氣候！產生以下兩個最基本的影響：

⊙ 全球溫度上升，北極冰山溶解，北極熊瀕臨滅絕，海島小國將被淹沒。

⊙ 極端氣候頻率加劇，全球天災不斷，災情更為嚴重。

因此全球發起節能減碳運動，聯合國 1997 年《京都議定書》達成，使溫室氣體控制或減排成為已開發國家的法律義務。

汽油車的廢氣排放是廢氣排放的主要來源之一，因此新能源車的研發被寄以厚望，但全球的大車商都發大財，都是既得利益者，缺乏創新求變的動力，因此新能源車的研發牛步化！

TESLA 是一家新崛起純電動車廠，完全沒有歷史包袱，是全球第一家量產的純電動車公司，目前席捲全世界，輾壓全球大廠，車輛產業將重新洗牌！再一次證明：巨大危機 → 巨大商機！

## 🔊 變動的市場：電商崛起

實體商務最大問題在於：時間、地點、距離的約束，因此商業運作效率無法大幅提升，電子商務解決了以上 3 個束縛，在網路上買、賣東西，網路商店可以 24 小時營業，連上網路後距離縮短至彈指之間，不再需要租金昂貴的金店面。

這一切都仰賴資訊科技的不斷演進：

Internet   →   WWW   →   Wireless   →   Mobile Device   →   Social APP

互聯網   →   全球資訊網   →   無線通訊   →   行動裝置   →   社群軟體

但科技解決不了所有的商務問題，購物除了單純的物質滿足外，更是一種體驗、生活、休閒、…，因此電子商務 2.0 版問世了！ O2O 虛實整合：

⊙ 網路引流：資訊搜尋、傳遞、比較。

⊙ 實體消費：商品體驗、尊榮服務。

## 變動的市場：中國崛起

1978 中共領導人鄧小平提出改革開放，40 年來（1978~2017）中國國內生產總值增長 33.5 倍，占世界經濟的 15%，目前僅次於美國，是全球第二大經濟體。

未開放前的中國是 100% 的共產，吃大鍋飯的，不同工同酬，因此毫無經濟動能，鄧小平主張：「讓一部份人先富起來」，設立經濟特區，允許財產私有化，大量招商引資，讓中國由封閉農村成為世界工廠。

表面上中國人富起來了，但中國的平均薪資依然只有美國人的 1/6，因此中國領導人習近平再次推出：一帶一路、中國製造 2025，希望再次產業、科技升級，加大中國於全球的影響力。

華為是目前中國代表科技升級的指標企業，也是目前全球 5G 通訊的領導廠商之一，中國政府傾全國之力扶植華為，以美國為首的 5 眼聯盟（澳洲、加拿大、紐西蘭、英國、美國）卻全力防堵以華為為代表的中國崛起，這是一場關乎全球供應鏈重整的賽局。

## 🔊 銷售 vs. 行銷

行銷是以客戶為中心的完整服務程序：售前＋銷售＋售後！

| | |
|---|---|
| 售前服務 | 消費者為何會走入這家商店呢？可能看了電視廣告、可能收到信箱中的 DM、可能隔壁鄰居介紹、可能路過這家店被櫥窗中商品吸引。 |
| 銷售 | 一位客戶走進商店，售貨員上前解說、推銷、示範，最後幫客戶結帳包裝，我們稱這一連串的動作為銷售。 |
| 售後服務 | 商品買回家之後，顧客對於商品的功效、品質評價、後續使用諮詢、故障維修、不滿意退貨。 |

售前服務、售後服務都是銷售人員強大後援部隊，但也都需要龐大的資源投入，有些企業偏重銷售面，把客戶當成提款機，在乎的是當下業績的達成，因此提供高額的業績達成獎金；有些企業強調業務推廣，砸下鉅額廣告費，讓客戶自動上門；更有些企業篤信品牌價值，從產品開發到售後服務一絲不苟，讓客戶不離不棄，黏著力十足。

# 🔊 業務人員 vs. 行銷企劃人員

計畫執行者

計畫制定者

| 業務人員 | 依照公司制定的：商品售價、交貨條件、服務準則的資訊，為客戶提供服務，並以達成業績目標、賺取佣金為努力目標。 |
|---|---|
| 行銷企劃 | 遊戲規則的制定者：商品定價、商品包裝、廣告費用、通路選擇、佣金規則、展場規劃、業務協調，必須能夠掌握企業內、外：資源、競爭、優勢、劣勢的狀況，讓企業長期經營穩健成長。 |

每一家企業的條件不同，採取的競爭策略自然不同：

⊙ 業務團隊：以優渥佣金抽成吸引、培養出優秀業務團隊。

⊙ 商品質量：大量投入商品研發，品牌夠硬，因此加強通路拓展、廣告。

⊙ 價格競爭：薄利多銷，以量取利，專注於社群經營、口碑行銷。

行銷企劃人員就必須知己知彼，讓公司的優勢徹底發揮，讓每一分資源獲得最大效益，並為商品在市場中找到適當的定位，這一切都必經過職場長期的歷練，尤其必須站在第一線面對客戶、市場，因此筆者衷心建議所有剛畢業的學生們，將 Sales Person 作為進入職場生涯的第一站！

# 🔊 企業經營的重心

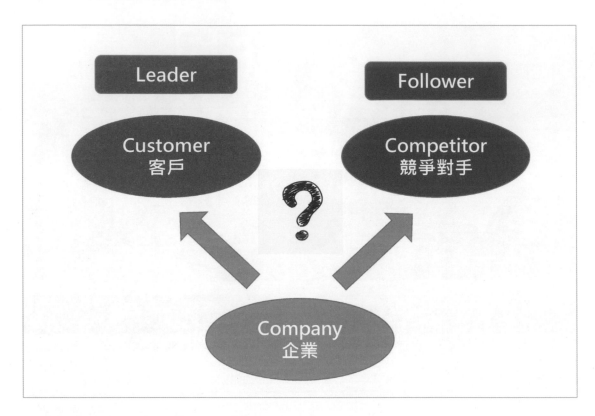

企業經營分為兩種型態：

| | |
|---|---|
| 紅海策略 | 找一個當紅產業、當紅產品，投入市場中與眾人廝殺，這是一個多數人選擇，因為市場很大、很明確，但市場競爭激烈、毛利低，廠商之間互相抄襲互相模仿，因此產品區隔性不大，因此陷入殺價競爭的紅海。 |
| 藍海策略 | 全心全意想著消費者的需求，以開創性的思維，開發新產品、新服務，成功的話就成為領導廠商，更成為日後大家爭相仿冒的對象，但新產品進入市場初期毫無競爭，是一個完全壟斷的市場，因此毛利極高，不過，創新亦伴隨著市場接受度的高風險。 |

Costco、Amazon、Tesla、Google、…，這些全世界一流的企業為何無人能模仿，因為他們以創新所投入的資本、時間建構高高的護城河，想要模仿的人除了有巨大的資本還必須長時間的研發或佈建通路，貝佐斯說：「一個專案的成功都必須追朔到 5~10 年前的規劃與投入」。

# 🔊 以客戶為中心的行銷

企業經營的兩種中心思想：

## ◇ 以企業成長、獲利為目標

這似乎是天經地義的事，沒有獲利公司如何維持？員工薪水哪裡來？但是若把企業獲利視為首要目標，那跟消費者之間就只會有單純的交易關係，這樣的客戶是完全沒有忠誠度，隨時會被競爭對手搶走的，業務部門將凌駕所有部門，時間一長，企業將會喪失研發、服務、行銷能力。

## ◇ 以客戶服務為中心

不愛錢不代表賺不到錢，越老實的人越容易讓客戶掏錢出來，俗語說：「被人賣了，還幫人數鈔票！」，就是忠實粉絲的寫照，企業的用心與粉絲的忠誠是互相的，Apple 的產品 = 創新代名詞，因此果粉很難變心，Amazon 永遠的市場低價，因此每天不上去亞馬遜一下怎睡得著！這兩家公司看似不愛錢，卻是全世界最會賺錢的公司。

# 目標市場

物資缺乏時代,有東西就是無上的享受,消費者毫不挑剔,但現在除了少數落後國家外,幾乎全球都是物資過剩,隨便舉個例子:你有幾雙鞋子?幾件衣服?幾個包包?這些問題多數人都得花一點時間好好算一下,而且手指頭還不夠用!這就是物資過剩!

物資過剩時,消費者就會十分挑剔,媽媽、姊姊、妹妹的眼光、需求都不同,一樣產品想要適合所有消費者完全是不可能的,這是一個分眾的時代了!

以上圖為例,如果你的公司主要業務是賣相機,那你鎖定的消費者是哪一個族群?傻瓜族、可愛族、專家族、退休業餘族、特殊用途,有的銷售量大,有的毛利高,有的競爭少,每一家企業都擁有不同的資源、專業、經營思維,因此各自選擇不同的目標市場。

## 目標市場覆蓋策略選擇

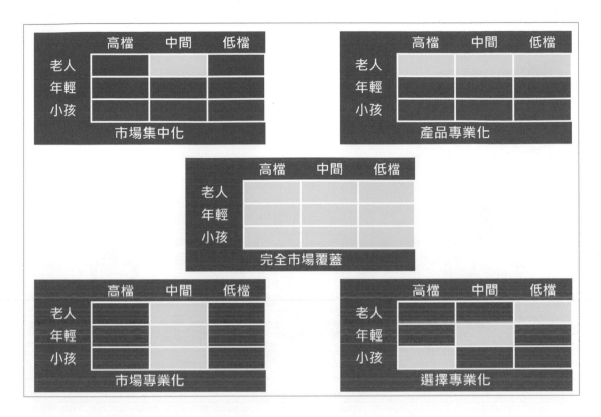

我們以「消費年齡」、「產品價位」2 個維度來探討市場區隔，上圖我們作了 5 種不同的分割：

A. 市場集中化：只鎖定單一區間，中等價位＆老人。

B. 市場專業化：鎖定價位，提供全年齡層商品。

C. 產品專業化：鎖定老人，提供全價位商品。

D. 選擇專業化：挑選多個市場集中化區間。

E. 完全市場覆蓋：提供所有年齡層、所有價位商品。

目前日本是高齡化最嚴重的國家，許多早期興建的舊百貨公司受限於賣場空間大小，無法對抗來自新型百貨公司的競爭，但老人族群卻是最有消費能力的一群，因此舊百貨公司紛紛變更目標市場，將原來的「完全市場覆蓋」變更為「產品專業化」，只服務老人族群，如此一來賣場面積不夠大的問題就不存在了！

# 產品替代性

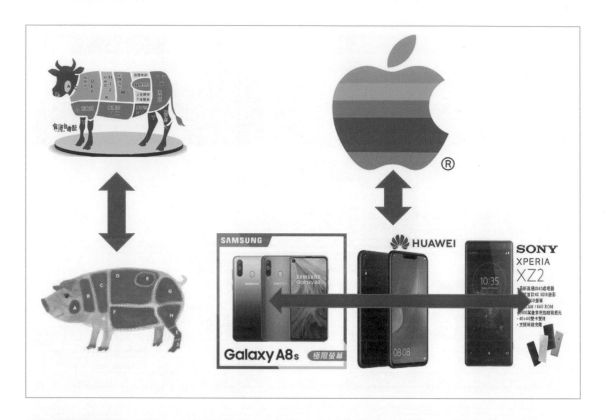

| 獨佔市場 | 當市場上沒有競爭者、替代者，獨佔商品就可獲取極高的毛利。 |
|---|---|
| 寡佔市場 | 當市場上只有極少數家廠商，各家企業就會以協議或默契，以聯合壟斷的方式操控市場，讓每一家企業都享有不錯的毛利。 |
| 競爭市場 | 當市場上沒有獨大廠商，沒有高門檻的進入障礙，所有企業都可以自由進出市場，競爭成為每一家廠商的 DNA。 |

豬肉與牛肉的替代性在亞洲國家是蠻高的，因此豬肉、牛肉的價格會穩定在一個可控的範圍內，就算是目前中國出現非洲豬瘟，中國豬肉供給大量短缺，都可緊急由美國採購補足供給缺口，以美國豬替中國豬，另外中國政府釋出冷凍豬肉，也是另一種替代方案，結論：替代性高的產品是無法享受暴利的。

全部安卓手機的利潤加總抵不過一家 Apple 手機的利潤，原因同樣是替代性問題，企業之所以偉大，在於開創新市場，投入大量資金與時間，為產品構築高大的進入障礙，降低產品的替代性，如此才能享有高毛利，沒有人想複製 Apple 嗎？不是不想！是不能！

## 🔊 經濟：改變市場

| 廠商投資 | 薪資調整 | 社會福利 |

一般民眾的消費原則：有錢就多消費（景氣好），沒錢就少消費（景氣慘）！

一般廠商的經營原則：景氣好就增加開支，景氣慘就減少開支！

在以上兩個原則之下，景氣好時會產生景氣過熱，景氣慘時更會陷入惡性循環，因此政府的角色就顯得異常重要：

| 景氣慘時 | 大家不花錢，政府便得帶頭花錢，調整公務人員薪資、擴大公共建設、提高社會福利，如此才能扭轉經濟走勢。 |
| --- | --- |
| 景氣好時 | 政府就得調高利率，減少貨幣供給額，讓經濟降溫，以免景氣過熱產生泡沫。 |

2007 ～ 2008 年全球金融危機，始作俑者的美國，率先推出貨幣量化寬鬆政策（簡稱 QE），大量發行美金活絡美國經濟，隨後日本、歐盟也相繼祭出 QE 政策，目前全球經濟趨於穩定後，美國政府開始回收市場上多餘資金，避免資金過剩產生通貨膨脹。

# 科技：創造需求

從前為何是物資缺乏時代，原因有 2 項：

| 生產力不足 | 工業革命前，以人力生產，產能有限。 |
|---|---|
| 物流運輸不便 | 歐美國家非常富有，但將多餘物資運送到物資缺乏地區成本巨大。 |

現在全球工業化程度非常高，全球物流也非常發達，除了極少數地區，到處都發生物資氾濫的情況，市場上呈現完全供過於求的情況，若減少供給勢必讓許多企業關門 → 員工失業，唯一的解方就是：創造新需求，舉例如下：

| | | 效益 |
|---|---|---|
| 電子書 | 降低書籍成本、增加閱讀的便利性。 | 增加消費者的閱讀量。 |
| Amazon Go | 提升門市經營效率。 | 消費者省時、業者省成本。 |
| Amazon Echo | 簡化消費者購物程序。 | 亞馬遜鎖住所有消費者。 |
| AWS | 降低所有企業資訊管理成本。 | 新創企業可以更專注於本業發展。 |

# 🔊 Market 的組成份子

市場是一個概念名詞，早市、晚市、夜市、黃昏市場、跳蚤市場、…，只要是能夠聚集：人、物、服務，並從事交易行為的地方都稱為市場，由於科技的進步，「地方」更由實體的地點擴充至網路。

「人」簡單的說就是：買方、賣方，實際上卻包含以下單位：

⊙ 原料商、製造商、通路商：買賣之前必須有人生產、推廣。

⊙ 運輸業：原料、零件、商品都必須在產地、工廠、通路中做轉移。

⊙ 政府：制定交易規則，維持市場正常運作，創造優良投資環境。

⊙ 跨國組織：制定國際貿易規則，仲裁貿易衝突。

著名跨國組織：

| 名稱 | 聯合國 | 世界貿易組織 | 世界貨幣組織 | 歐盟 |
|------|--------|--------------|--------------|------|
| 簡寫 | UN | WTO | IMF | EU |

# 影響 Market 的要素

市場時時刻在變化：

⊙ 天氣變冷了：厚衣服好賣、火鍋店生意火熱

⊙ 股市大漲：高檔餐廳天天客滿、豪宅價格飆漲

⊙ 貿易大戰：關稅提高、外資關廠，失業率大幅攀升，銀行壞帳增加

⊙ 收入提高：生活品質改善，注重養生，有機食品、保健食品大賣

⊙ 科技創新：Amazon 開創電商，方便購物、降低售價

⊙ 品牌：品牌讓消費產生價值差異，享有溢價空間

⊙ 法規：消費稅提高，商品漲價，降低消費意願

一個事件往往都有兩個面向，因此景氣好時也有人賠錢，景氣差時也有人賺錢，有些敏銳的投資者更是專門在金融風暴時大發災難財，最著名的案例就是金融大鱷：索羅斯。

## 🔊 行銷理論：4P

影響市場的人、事、時、地、物過於複雜，企業經營者不可能完全掌握，行銷學者將可控制的因素整理歸納後，提出了行銷 4P 理論：

| | |
|---|---|
| 產品 | 強調商品的功能面，吸引消費者的青睞。 |
| 定價 | 以適當的定價策略，滿足不同階層的消費者。 |
| 通路 | 建立完善通路，方便消費者體驗、取得商品。 |
| 推廣 | 以廣告、活動、事件、…，讓消費者認識品牌，進而購買商品。 |

行銷 4P 沒有固定的方程式，更沒有絕對的好或壞，例如：

| | |
|---|---|
| 價格 | 低價不一定好，容易讓消費者產生「便宜沒好貨」的誤解。 |
| 產品 | 品質卓越相對是高成本，消費者不見得願意付出高價。 |
| 通路 | 建置綿密的通路需要高昂的代價，TESLA 汽車就採取無經銷商模式，以降低產品通路成本，更進一步降低汽車售價。 |

# ◁|| ZARA：平價的奢華

高價的奢華、低價的實惠都很容易理解，但讓 ZARA 成為世界最大流行服飾品牌的卻是：「平價的奢華」！

多數人都誤解：「奢華是富人的專利」，其實窮人與富人喜歡奢華的心是一樣的，但窮人滿足奢華的能力有限，因此窮人追求奢華的慾念更為強烈。ZARA 充分了解消費者喜好、需求，因此提出「平價的奢華」，窮人永遠是金字塔的底端，擁有絕對多數的消費族群，因此以庶民價格提供權貴產品的策略，讓 ZARA 榮登全球最大流行服飾品牌！

Masstige = Mass（大眾）+ Prestige（權貴），就是代表低價奢華商品的新創單字！

小資族、Office Lady 是 ZARA 的目標客戶，社交需要行頭，口袋卻不夠深，但省吃儉用半年、一年就可以讓自己奢華一下，這就是 ZARA 的商業邏輯！

## ◁|| ZARA 4P

| Price | 品牌 $1/10 \sim 1/4$ 價格 |
| --- | --- |
| Promotion | 一週兩次新貨 |
| Product | 流行什麼就賣什麼 |
| Place | 在最精華街道上開店 |

**客戶一年平均到訪 17 次**

除了第 1P：Price 定價策略的成功，ZARA 更在其他 3P 有完美演出：

| 推廣 | 吸引時尚消費者血拚的最根本吸引力來自於：新貨，ZARA 提供每週 2 次、全年 104 次新貨，業界無人能出其右。 |
| --- | --- |
| 產品 | 為了快速推陳出新，ZARA 採取「流行什麼就賣什麼」的策略，不做創新，而是複製當下流行款式，並為每一批新品作小幅改款，因此每週新貨、批批新貨。<br><br>除此之外，ZARA 為了搶流行時效，更將生產全部集中於成本高昂的歐洲，因此完整的生產週期只需要 2 星期，以金錢成本換取時間成本，這才是時尚產業的核心競爭力。 |
| 通路 | ZARA 在全球有 5,000 家門市，而且都開在最精華的街道上，房租費用非常高，但 ZARA 確認自己是「奢華」產業，因此在賣場門面上必須維持高檔格調而不是勤儉持家，相對的，最精華的街道帶進來的客戶也是最有消費能力的客戶。 |

# 📢 優衣庫：國民服飾

| | |
|---|---|
| 價格：平民 | 產品：簡單 + 科技 |
| 通路：直營店 | 促銷：明星代言 + 網路活動 |

UNIQLO 是日本最大國民服飾品牌，企業理念：「任何時候都能選到衣服的巨大倉庫」！

| | |
|---|---|
| 價格 | 平價路線，人人負擔得起。 |
| 產品 | 年輕、時尚、簡約、科技。 |
| 通路 | 採直營店。 |
| 推廣 | 明星代言、網路活動。 |

由廣告片的代言明星、展示產品可以清楚看出產品定位與風格，目標族群：學生、上班族，年輕、簡約風的族群，因此，定位為「國民服飾」！

近年來 UNIQLO 也大推機能衣，例如：夏季的涼爽 T-Shirt，冬季的保溫內衣，這些都符合年輕族群的簡約風。

## 從 4P 到 4C

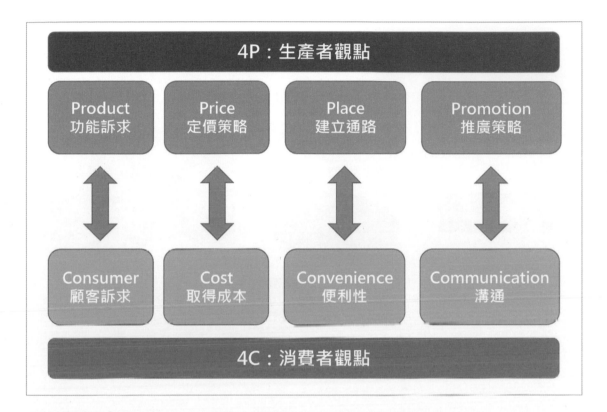

行銷 4P 推出時間點是在工業生產時代,主要是以製造業為主的行銷觀點,經過時代的轉變,目前先進國家的服務業產值也逼近 50%,因此行銷 4P 蛻變發展出以服務業為主的行銷 4C:

| 客戶訴求 | 製造業的核心是產品,相對的,服務業的核心當然是客戶,不再是廠商要生產什麼?而是仔細聆聽客戶需要什麼? |
|---|---|
| 成本 | 製造業談的產品定價,在以客為尊的服務業就要更細膩的談:「客戶取得成本」,價格成本 + 時間成本。 |
| 便利性 | 製造業談的通路,在以客為尊的服務業就要更細膩的談:「商品取得的便利性」,包括購買後一系列的配送、維修服務。 |
| 溝通 | 製造業想的是如何把商品「推」給客戶,賺取獲利,服務業改變思維模式,將「以客為尊」視為企業理念,充分理解客戶需求,再為客戶量身訂製商品、服務,先談心、再談錢! |

# 從 4P 到 7P：服務行銷

為了因應服務時代的來臨，行銷 4P 又有另外一個分支的發展，以原有行銷 4P 為根本，再加入適用服務業的 3 個 P：

| | |
|---|---|
| 服務人員 | 服務的根本在於人，人提供的服務品質卻也是最難以量化管制的，因此嚴格的專業要求，作業流程標準化的貫徹，突發狀況的應變，都是員工培訓的重點。 |
| 流程管理 | 服務的提供者是人，很難要求不同的人達到一致的服務水平，因此必須設計良好的流程管理準則，一方面作為員工服務作業準則，另一方面作為服務品質的檢核標準。 |
| 實體展示 | 服務是無形的，難以量化，但客戶多半是視覺動物，對於服務場所、環境佈置、服務人員外觀卻是直覺的、有感的，因此加強實體展示區各項設施，對於消費者將會產生強大的說服力！ |

# 7P 案例：寶島眼鏡

眼鏡公司表面上是賣眼鏡，是具體的商品，因此應該是用行銷 4P，但仔細想想，決定購買眼鏡的另一重要因素卻是驗光服務，若驗光不準確：度數不準確、焦距不準確，將嚴重影響產品使用滿意度，因此整個交易服務成分佔了一半以上！

台灣的寶島眼鏡公司就採取行銷 7P 策略，店外的行銷採取傳統的行銷 4P，店內涉及專業服務，因此採取以下 3P：

> People：專業驗光師服務。

> Process：標準驗光、商品介紹、價格透明化。

> Physical Evidence：專業驗光設備，得體服務人員服裝，商場內專業化裝潢。

眼鏡是一個涉及醫療專業的商品，除非是非常窮困國家，要不然專業絕對是這個行業的唯一考量，而人員、流程管理、實體展示，就是讓消費者感受專業度的媒介。

# 🔊 7P 案例：酒店業營銷

純服務業，以旅館業為例，有以下特點：

A. 沒有實體商品：住一晚，純服務。

B. 沒有庫存：今天沒有租出去的床位無法存下來明天租 2 次。

C. 無法量產：旅遊旺季，市場需求強勁，但…床位無法短期內擴充。

D. 服務品質：會有大幅度的變化，因為是以人為本的服務產業。

對於這樣特殊的產業，隨著淡旺季、市場需求將產生大幅度的波動，請問你有什麼樣的因應策略，讓淡季不淡，旺季增加獲利？

## 討論：產品 4P

1. 挑選一個手機品牌→機型

2. 列出此產品的4P優勢、劣勢

3. 列出此產品的消費族群

4. 你理想中的夢幻產品

這一節我們就讓讀者們實際操演一下行銷 4P 的企劃！

1. 從市場上挑選一個手機品牌 → 機型
   作為你行銷企劃案的主題商品，並列出你挑選此商品的動機。

2. 列出此產品目前在市場上的優勢、劣勢
   根據你上面的優、劣勢分析，重新擬定行銷 4P 策略。

3. 列出此產品的消費族群
   根據你的 4P 行銷規劃，明確定義商品的消費族群。

4. 你理想中的夢幻商品
   排除目前市面上的手機產品，列出你的夢幻手機規格。

# SWOT 分析

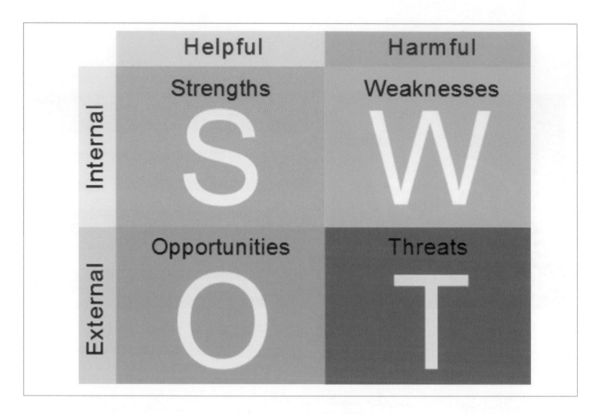

強弱危機分析（英語：SWOT Analysis），又稱優劣分析法，用以分析企業競爭態勢，透過評價自身的優勢（Strengths）、劣勢（Weaknesses）、外部競爭上的機會（Opportunities）和威脅（Threats），用以在制定發展戰略前，對自身進行深入全面的分析以及競爭優勢的定位。

SWOT 以 2 個維度做分析：組織（內部 / 外部）、強弱（強項 / 弱項），形成以下 4 個組合：

- ⊙ Strengths：內部的強項 → 競爭優勢

- ⊙ Weaknesses：內部的弱項 → 競爭劣勢

- ⊙ Opportunities：外部的強項 → 發展機會

- ⊙ Threats：外部的弱項 → 未來威脅

制定行銷計劃前應透過 SWOT 分析，診斷企業體質，才能在企劃中提出可行的方案！

## 案例：台灣 NIKE

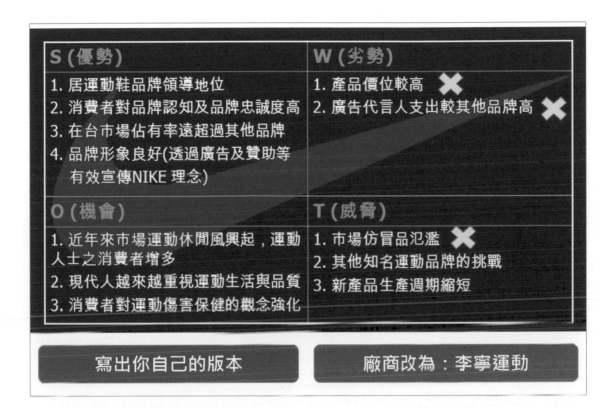

這一份是台灣某大學的行銷 SWOT 分析的學生作業，請將主題廠商改為你喜歡的運動品牌，寫出你自己的版本！

重點提示：

上面作業中對於劣勢、威脅的分析，筆者非常不認同，理由如下：

> Nike 的市場定位：運動產品界的 LV

　品牌鎖定的是高端客戶，因此價位高是理所當然，若是真的低價大放送豈不是毀了招牌。

> 廣告代言費對於全球高端運動品牌是九牛一毛，聘請世界頂級明星代言的效果遠超過費用。

> 市場仿冒氾濫：仿冒品的存在，對於正品而言，表面上是權利的侵害，利潤的侵蝕，實際上真是如此嗎？買仿冒品的消費者根本就不會去買正品，因此利潤侵蝕之說根本不存在，反過來，仿冒新聞協助正品進行免費行銷，仿冒的熱度正好反映品牌的知名度！

# SWOT 分析後之策略規劃

## SWOT分析

| 內部能力分析\策略規劃\外部環境分析 | 優勢<br>1, 擁有最佳的交車品質<br>2, 完整商品<br>3, 完善的服務網路<br>4, 便捷的零件供應通路<br>5, 師父制度 | 劣勢<br>1, 預測不準,增加庫存成本<br>2, 業代專業不足<br>3, 大型據點,資產縮水<br>4, 資產折舊高,經營成本高<br>5, 危機處理能力不足<br>6, 主管欠缺管理學能 |
|---|---|---|
| 機會<br>1, 自由化市場,適者生存<br>2, 女性就業人口增加<br>3, 品質意識抬頭<br>4, 特殊需求(休旅車)概念<br>5, 高齡車檢驗次數增加 | 1, 專注品牌形象建立 | 1, 導入CRM<br>2, 加速調整商品組合<br>3, 提升企業智能 |
| 威脅<br>1.全球景氣衰退<br>2.管制取消,競爭加劇<br>3.印度與中國車廠的競爭<br>4.出生人口降低<br>5.消費意識抬頭<br>6.高鐵,捷運的興建 | 1, 強化價格優勢<br>2, 加強大陸市場開拓<br>3, 開創新通路 | 1, 強化販賣力<br>2, 提升員工滿意度<br>3, 鼓勵企業內創業 |

上面是一份經過 SWOT 分析後所制定策略規劃表,主題廠商是汽車公司,根據這個範本,請將你上一個作業:運動品牌 SWOT 分析,擴充為本範本。

## 🔊 習題

( ) 1. 有關 Marketing 的敘述，下列何者錯誤？
(A) 係專指研究如何在網路上銷售商品的一門學問
(B) 台灣翻譯為行銷學
(C) 大陸翻譯為市場營銷學
(D) 早市的菜價較黃昏市場的菜價高，為 Marketing 的範例之一

( ) 2. 有關未來市場的發展趨勢，正確者為：
(A) 一定要有特定的商品
(B) 實體商務 → 行動商務 → 電子商務 → 生活商務
(C) 最佳商務模式：虛實整合
(D) 電子商務將取代實體商務

( ) 3. 科技對生活的改變不包括下列哪一項：
(A) 通訊：非即時、群組 (B) 資訊：即時、隨時、隨地
(C) 影音：免費、多元 (D) 消費者個資不受重視

( ) 4. 重大危機 = 巨大商機，何者有誤？
(A) 石油飆漲：日系汽車的崛起
(B) 綠能議題：電動車的崛起
(C) SARS 疫情：遠距視訊會議的崛起
(D) 貿易戰：台灣產商受惠

( ) 5. 下列敘述，何者錯誤？
(A) 「京都議定書」係規範參與國及歐盟控制人為排放之溫室氣體數量，以期減少溫室效應對全球環境所造成的影響
(B) 再生能源技術包括太陽能、風能、地熱能、水力能、潮汐能、海洋熱能轉換、生質能。
(C) TESLA 為一家生產油電混合車的廠商
(D) 汽油車的廢氣排放是廢氣排放的主要來源之一

( ) 6. 下列何者非實體商務的問題所在？
(A) 時間 (B) 地點
(C) 距離 (D) 人情壓力

（　）7. 5 眼聯盟係指哪五國？

  (A) 澳洲、加拿大、紐西蘭、英國、美國

  (B) 美國、英國、法國、德國、日本

  (C) 美國、英國、義大利、澳洲、韓國

  (D) 英國、法國、德國、義大利、捷克

（　）8. 行銷以客戶為中心的完整服務程序，有關此程序的敘述，何者錯誤？

  (A) 售前：廣告、DM、使用者介紹、商場展示

  (B) 銷售：解說、推銷、示範、結帳

  (C) 售後：使用諮詢、故障維修

  (D) 透過業務員人話術的訓練，讓每筆交易都能成交，促成業績的達成

（　）9. 下列敘述何者正確？

  (A) 業務人員必須能夠掌握企業內外部狀況，讓企業長期經營穩健成長

  (B) 行銷企劃人員則係以為客戶提供服務，賺取佣金為努力目標

  (C) 行銷企劃人員為遊戲規則的制定者

  (D) 每一家企業對於競爭策略的選擇大致上相同

（　）10. 下列敘述何者有誤？

  (A) 紅海策略：當紅產業、當紅產品、市場競爭激烈、毛利低

  (B) 藍海策略：開創性思維、開發新產品；新服務，全心全意想著消費者的需求，相對來說，毛利極高，風險也高

  (C) 市場領導者：以發掘並滿足消費者的需求為經營重心

  (D) 市場追隨者：以發掘並滿足消費者的需求為經營重心

（　）11. 以客戶為中心的行銷：

  (A) 業務部門凌駕所有部門  (B) 全心全意想著消費者的需求

  (C) 企業獲利為首要目標  (D) 重視業務人員的銷售能力

（　）12. 企業選擇目標市場的原因：

  (A) 企業資源的有限性  (B) 企業經營的擇優性

  (C) 市場需求的差異性  (D) 以上皆是

（　）13. 目標市場覆蓋策略的選擇：

  (A) 市場集中化：鎖定價位，提供全年齡層商品

  (B) 市場專業化：鎖定特定對象 (EX：老人 )，提供全價位商品

  (C) 選擇專業化：挑選多個市場集中化區間

  (D) 產品專業化：只鎖定單一區間，EX：中等價位 & 老人。

( ) 14. 有關產品的替代性：

(A) 競爭市場：進入門檻低，競爭成為每一家廠商的 DNA

(B) 寡占市場：沒有替代品，商品毛利極高

(C) 開放市場：自由競爭，各憑本事

(D) 獨佔市場：可聯合廠商操控市場

( ) 15. 有關景氣的描述：

(A) 一般民眾的消費原則：有錢多消費、沒錢少消費

(B) 一般廠商的經營原則：景氣好增加投資，景氣差減少投資

(C) 政府應有的作為：景氣好時帶頭花錢、景氣差時：調整利率、減少貨幣供給

(D) 以上皆是

( ) 16. 科技帶來的效益：

(A) 電子書：減少消費者到實體店面購書的動機

(B) Amazon Echo：消費者省時，業者省成本

(C) Amazon Go：節省物流時間

(D) AWS：降低所有企業資訊管理成本，效益：新創企業可以更專注於本業發展。

( ) 17. 著名的跨國組織，何者有誤：

(A) 世界貿易組織 (World Trade Organization，WTO) 係政府間國際組織，旨在促進全球貿易更為自由、公平及可預測性

(B) 聯合國 (United Nations，UN) 是一個由主權國家組成的政府間國際組織

(C) 歐洲聯盟 (European Union，EU，簡稱歐盟 )，是歐洲多國共同建立的政治及經濟聯盟

(D) 世界銀行 (International Money Fundamental，IMF)，致力於促進全球貨幣合作，確保金融穩定，促進國際貿易。

( ) 18. 市場時時刻刻在變化：

(A) 消費稅提高，商品漲價，將會降低消費意願

(B) 有品牌的商品一定都比較貴

(C) 貿易大戰，僅影響中國與美國

(D) 景氣差時，所有人都賠錢

( ) 19. 行銷 4P 不包括下列哪一項？

    (A) People             (B) Promotion

    (C) Place               (D) Product

( ) 20. 下列敘述何者正確？

    (A) 平價跟奢華是兩極端

    (B) 奢華是富人的專利

    (C) 窮人沒有追求奢華的慾望

    (D) 小資族、Office Lady 是 ZARA 的目標客戶

( ) 21. 下列有關 ZARA 的策略，何者有誤？

    (A) Promotion：一週兩次新貨

    (B) Price：主打精品價

    (C) Place：在最精華街道上開店

    (D) Product：流行什麼就賣什麼

( ) 22. 下列有關 UNIQLO 的敘述，何者正確？

    (A) UNIQLO 為韓國最大國民服飾品牌

    (B) Place：採加盟店

    (C) Price：中高價位

    (D) Promotion：明星代言，網路活動

( ) 23. 行銷 4C，不包含下列何者：

    (A) Consumer        (B) Contribution

    (C) Convenience      (D) Cost

( ) 24. 行銷 7P 是指以原有行銷 4P 為根本，再加入適用服務業的 3 個 P，下列何者為非：

    (A) People：服務人員        (B) Process：流程管理

    (C) Physical Evidence：實體展示    (D) Personalize：個性化

( ) 25. 下列敘述何者錯誤？

    (A) 行銷 4P 是從生產者觀點來看待行銷策略

    (B) 4C 係由消費者觀點來思考行銷策略

    (C) 為了因應服務時代的來臨，行銷 4P 又另外發展出行銷 7P

    (D) 如銷售的產品為具體的商品，則僅適用行銷 4P 策略

( ) 26. 有關服務業的特性，下列敘述何者錯誤？

    (A) 庫存容易盤點，如：旅館業的空房

    (B) 短期供給無彈性

    (C) 商品無形性

    (D) 服務品質異質性

( ) 27. SWOT 分析是企業用以分析內外部環境的工具，有關 SWOT 的敘述，何者錯誤？

    (A) Strength：內部的強項 → 競爭優勢

    (B) Weakness：內部的弱項 → 競爭劣勢

    (C) Opportunities：外部的強項 → 發展機會

    (D) Thought：外部的弱項 → 未來威脅

市場行銷實務 250 講

# Price 價格：
# 定價策略與消費者定位

多數的商品都有替代性，替代性越高的，對於價格敏感度也越高，相對的，獨特性越高的商品可享有越高的溢價利潤。

這一節，我們以流行服飾業為例，將商品定價簡化為 3 個層級，分析如下：

| | |
|---|---|
| LV | 高價商品，業界第一品牌，透過全球頂級時尚 Show、時尚雜誌、頂級名模代言、精工雕琢的商品與服務，構建品牌價值，僅瞄準金字塔頂級客戶。 |
| ZARA | 中價位產品，快速時尚的專家，時刻抓住當下流行元素，以快速供應鏈將時尚商品快速生產配送至全球門市，獨創低價奢華風，瞄準中高階粉領族！ |
| UNIQLO | 低價商品，產品設計走簡約風，以國民服飾定位為訴求，人人買得起，產品瞄準年輕、學生、上班族。 |

# 🔊 貴族獨享

有句俗語：「三年不開張，開張吃三年」，描述的就是奢華產業的暴利，但是要享有暴利，就必須要有絕對的獨特性，讓消費者有非買不可的強烈需求！

| | |
|---|---|
| Apple | 所有 Apple 產品都有獨特規格，擁有自家研發作業系統、應用軟體，產品效能、質感、創新性、流行感，遠遠凌駕同業，但由於智慧財產權保護，市場上除了仿冒品之外，完全沒有競爭對手，因此價格、毛利遠遠凌駕相對應產品。 |
| LV | 動輒上百萬的限量包，是所有名媛貴婦用來襯托身價的利器，甚至有這種傳說：「買包治百病」，甚至許多小資族甘願忍受長期縮衣節食，就為一包包，無疑的，LV 就是時尚、尊貴的代名詞。 |
| 豪宅 | 台北帝寶每一坪價格超過 NT 200 萬，超高價策略將講究性價比的普通富人排除在外，形塑頂級富豪獨享的尊榮感。 |
| 超跑 | 上千萬、上億的限量跑車，更是頂級富豪的高級玩具，要買超跑還得先有豪宅，這就是小資族一輩子無法觸及的商品。 |

# 🔊 平價奢華

毛利高的商品一般都無法創造巨大的銷售量，因為富人畢竟是金字塔頂端的少數族群，低價奢華，才是創造最大獲利的可行方案。

| | |
|---|---|
| ZARA | 低價奢華的始祖。 |
| Buffet | 歐式自助餐，上百道餐點，吃到飽無限量供應，價格有一點點小貴，但用來犒賞平日節衣縮食的上班族，具有非常好的心靈療效，因此儘管價格不斐，卻也是門庭若市，而且消費者多是一般上班族。 |
| IKEA | 來自於瑞典的中價位組合家具，寬敞的商品展示空間，極其靈活的商品組合，豐富的居家配件，為現代都會小家庭提供快速成家的簡約風方案。 |
| LEXUS | TOYOTA 為了擺脫低價形象所創立的高價車品牌，但目前在市場的定位僅達到中價位形象，目標瞄準中、高階經理人，也是一種低調的奢華代表。 |

# 大眾庶民

金字塔底端的庶民永遠是最大消費族群，這群人是對價格敏感度最高的人，幾乎是：「給我低價，其餘免談」！全世界不論是有錢、沒錢國家都有專營低價品的企業！

| 10元商店 | 台灣低價商品代表，店內所有商品一律 10 元，多為倒店貨。 |
|---|---|
| 拼多多 | 中國 3 億消費者的低價品牌，專售偽、劣貨商品，但價格超低，目標客戶為三、四線鄉民。由於價格的絕對優勢，消費者明知是假貨，也是自願購買。 |
| DAISO | 日本大創在全世界都有門市，多數商品採均一價；美國分店多數商品定價為 1.5 美元，在台灣則是新台幣 49 元，其標榜的特色為「物美價廉」，採取大量批次方式，在全世界挑選質優低價品。 |
| Brandless | 美國無品牌商品，商業模式與日本 DAISO 相似，雖然價格低，但不走偽、劣路線。 |

## 🔊 案例：經濟改變消費習慣

經濟景氣好的時候，消費者收入高，對前途充滿希望，因此花錢不手軟，消費時便會選擇服務品質較高的百貨公司；相對的，不景氣時消費者對於前途不確定性增加，會減少日常支出，尤其是奢侈品，因此會選擇具有價格優勢的量販店。

由於戰後復建，百業興旺，美國西爾斯百貨搭著經濟復甦的風潮，並以獨創的目錄郵購行銷策略，成為全球最大百貨公司，並興建當時全球第一高樓希爾斯塔，事業達到顛峰。

但接著景氣轉為衰退，消費者消費習慣改變，西爾斯百貨未能提出應對策略，反而將公司資產投入不動產炒作，1991 年將全球最大零售商寶座讓給了 Walmart，接著被 Kmart 併購，並於 2018 年 10 月申請破產，百年企業就此殞滅，也是富不過三代的最佳寫照。

經濟循環的更迭是無人可擋的，景氣的更迭考驗企業經營者的應變能力，無奈，成功的經驗會讓人自大，因此富難過三代！

# 📢 誰殺了 Sears ？

新商務模式：國際採購 → 大量低價

表面上看起來，西爾斯百貨是被 Walmart 幹掉的！一家根基深厚的百年企業會被市場新崛起的廠商擊倒，筆者不相信！西爾斯的是被自己打敗，成功的歷史讓這家企業感到驕傲，對於市場的轉變、消費需求的轉變視而不見，才給予 Walmart 崛起的機會。

Walmart 看到景氣的轉變，採取國際採購的策略，大量進口海外低價商品，並將商場蓋在便宜的郊區，有別於西爾斯百貨的都會區高貴豪華，Walmart 就是個便宜的郊外賣場，在不景氣的年代，很顯然的，Walmart 才是消費者的最愛。

經營策略就如同擇偶一般，沒有最好的，只有最適合的！景氣的轉變、法令的轉變、流行的轉變、氣候的轉變、…，都會影響消費者，更影響企業經營與決策，因此察覺環境變化、預知環境變化並提出應對方案，是成功企業的必修的課題。

# 🔊 前浪死在沙灘上？

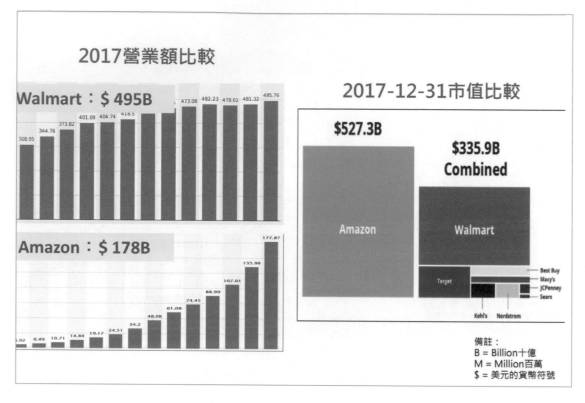

經濟景氣的循環造就了 Walmart 的崛起，但市場上不會有永遠的霸主！網際網路崛起，電子商務逐漸改變消費者的習慣，Amazon 順勢崛起，目前是全球電子商務龍頭企業。

請看左上圖，Walmart 的營業額還遠遠大於 Amazon，Walmart 營業額雖高，但成長率卻很低，Amazon 的成長率卻是呈現極大的爆發力，Walmart 所經營的是一個成熟的市場，Amazon 卻是在開發一個極具成長潛能的新市場，目前美國電子商務大約只佔總零售額的 10%，因此 Amazon 還有極大成長空間。

一家公司的市值代表市場對於該公司的價值認定，請看右上圖，Amazon 的市值居然超過美國各大零售商的市值總和，很明顯的，電子商務的發展已融入我們的生活，改朝換代的時機似乎又到眼前了，Walmart 為首的各大實體零售商也都卯盡全力投入電子商務競爭行列，但這些成名多年的既得利益者，能夠對抗初生之犢的 Amazon 嗎？

# 低價就是王道：Costco

電子商務時代鋪天蓋地而來，媒體一面倒的宣稱：「電子商務將取代實體商務」，前面所提出的 Amazon 與 Walmart 市值比較資料，似乎就在呼應這種說法！

實體零售商 Costco 的經營績效卻完全打臉這種說法：

> ◎ 左上圖：營收與毛利都保持持續成長。

> ◎ 右上圖：市值增長完全不遜色於 Amazon。

這說明一件事，企業經營應以滿足消費者需求為目標，只要能抓住消費者的心，實體店面或網路商城都只是工具而已。Costco 的經營績效告訴所有人，不要為失敗找藉口，目前大多數傳統零售商的經營困境，是來自於企業遠離消費者，對消費者需求改變的漠視，將所有失敗歸咎於電子商務崛起，是最簡單、最方便、最不需要負責任的理由！

# 專案討論：中國轉型之路

1949~1979 年間，中國採取共產極權統治，不允許私人企業、私人財產。在共產制度下，人民缺乏賺錢、拚經濟、創新的誘因，因此經濟停滯，更嚴重落後於全球。

1979 年中國領導人鄧小平開放沿海經濟試驗區，導入私有企業、私有財產制，主張讓一部份人先富起來，到 2019 年改革開放 40 年之際，中國經濟跳躍式成長，在科技、經濟、軍事都成為全球大國，目前更是僅次於美國的第二大經濟體，但這一切財富都來自於製造業，是以中國人的血汗、環境污染所換來的。

中國國家主席習近平提出一帶一路、中國製造 2025，計畫將中國由「製造的中國」轉變為「研發的中國」，更企圖在科技、經濟、軍事、…，各方面超英趕美，成為全球新一代霸主。必然的，美國發起一系列的圍堵中國行動：貿易戰 → 科技戰 → 金融戰，全球供應鏈面臨再一次大遷徙，全球企業都面臨重大的衝擊！

## 🔊 彈性價格

廉航價格為何可以如此之低？

筆者小時候被教育：「不二價、童叟無欺」，在 50 年前，這句話鏗鏘有力、擲地有聲，是商業倫理的經典名詞，但隨著時空的變化，不二價卻代表著對市場變化的無感！

如今，物質氾濫的年代，完全是買方市場，各企業無不使盡洪荒之力，力求：吸引消費者的青睞、擴大消費者需求、創造消費者需求，而價格可說是最方便、最即時的策略工具，以下是時興的價格優惠方案：

| | |
|---|---|
| 大包裝 | 以大量包裝來降低單品價格，營造最低價的形象。 |
| 多人同行 | 以增加消費總金額的方式來降低客單價，團體票也是相同概念。 |
| 早鳥方案 | 提供預購優惠，培養忠實粉絲，並提早掌握市場需求，以利後續行銷方案的推展。 |
| 遊園護照 | 迪士尼的訂價策略可說是最多元、最有彈性的，企圖為所有遊客找出省錢之道。 |

| 廉價航空 | 飛機票的價格差異性非常大，旺季／淡季、直飛／轉機、一般時段／紅眼班機，因為提供的服務不同，價格差異極大。<br>消費者有不同的類型：商務、一般、經濟，對於經濟型客戶而言，只要能抵達目的地，時間、服務品質不是問題，價格是唯一的考量，廉價航空就是將所有沒有被填滿的機位抽離出來，提供給經濟型客戶，對於背包客、退休人士、小資族，這樣的商品有極大的吸引力。 |
|---|---|

打到骨折的價格策略：

商品打折是普遍的一種行銷手法，因為大家都相信：低價、讓消費者佔便宜是一種有效的行銷，但折扣越多，毛利就越低，所以在國內打折 DM 中常看到：「本優惠不得與其他優惠方案並用」，這代表業者心疼打折所產生的利益損失，也就是想偷雞又不想蝕把米，是一種沒有誠意的打折！

筆者為何有如此感嘆呢？ 5 年前的 9 月我和女兒去逛美國加州某一家 Outlet，想買幾件 Polo 衫，結帳時：本日特價 15% off、VIP 特價 20%、返校特價 15% off，我驚呆了！只要你符合條件，一路打到你骨折，完全是站在消費者的觀點。試想，我們在鼓勵家人時，會設定一堆條件嗎？不會，因為是心甘情願，獎越多越高興，但國內廠商推出折扣方案時卻是縮手縮腳的，生怕客戶佔便宜。

筆者所要表達的：如果心中沒有信仰，所有的策略都只是花拳繡腿。若不是以客戶為中心的價格策略，充其量只能有短暫的效益！

# 買賣 → 租賃

買、租的差別在哪裡？

A. 對於企業客戶而言，購入設備被記入「資產」，逐年提列折舊費用，租用設備被記入當期費用，對於短期節稅而言，租比買更划算。

B. 企業不必將資金壓在設備上。

C. 對於喜新厭舊的客戶而言，一部車、一件裝備用了 2 年要換新款的，用租的就不必損失資產處理的差價。

D. 租賃的當期費用相對於長期平均費用當然比較高，但消費者可以有更大的選擇空間。

當然，供應商提供租賃服務時，衍伸的問題就是二手設備市場的介入，以車輛為例：以前客戶買車後經過幾年的使用，必須自己將舊車賣掉，如今採用租賃模式，就等於供應商必須成立二手車公司，再幫客戶處理舊車，以客為尊的真義就是：「讓客戶專情於享受商品，一切雜務由供應商負責！」。

# 價格的藝術！

0元手機的獲利模式？

通訊產業價值鏈包含電信商、手機製造商、經銷商；經銷商同時銷售手機及通訊服務，這兩種商品，消費者是分開買抑或是一起買？

產品組合是一種高級的行銷術，不同的組合就讓消費者難以直接比較價格。

| 案例 1 | 案例 2 |
|---|---|
| 手機 0 元，通訊費綁約兩年。 | 樓上招樓下，阿母招阿爸，網內互打不用錢。 |
| 解說　廣告表面上是賣手機，事實上收的是通訊費。 | 擴大客戶規模，分攤龐大基礎建置費用。 |

通訊產業是一個資本密集的產業，基地台的設置密度直接影響通訊品質，通訊品質不佳，客戶立刻拂袖而去，因此是一個大者恆大的產業，所以通訊商無不砸下鉅資擴建基地台、搶奪通訊頻道，反過來就得搶奪客戶，讓巨大投資獲得最大效益。

手機製造商與通訊商的產品組合，就是一個共存共榮的依附關係，注意看！每次 APPLE、三星有新手機發表，經銷商一定推出搭配方案！

## 🔊 免費的時代…

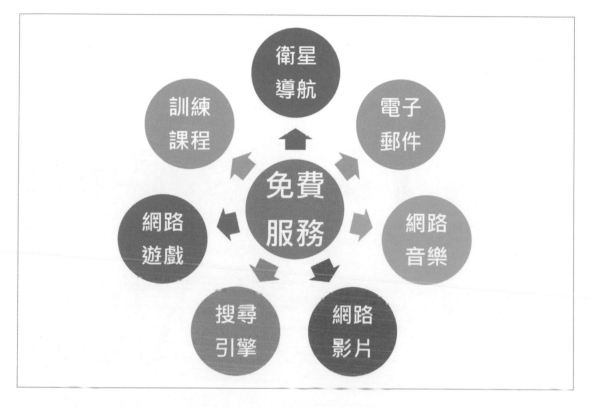

這個免費、那個免費，網路上的東西幾乎都是免費，例如：Google Map（網路地圖）、YouTube（線上影音）、Google（搜尋引擎）都是免費，那這些廠商靠什麼維生呢？

美國是創業家的天堂，華爾街有取之不盡的資金，你只要有想法就可拿著創業方案到華爾街對投資者狂噴，或有機會實現春秋大夢！

網際網路為商業開創一個未知的領域，沒有人知道結果會如何？但都堅信一點：人潮創造錢潮，而免費服務就是聚集人潮的不二利器，很遺憾的 2001 年網路泡沫破裂，只會燒錢而無具體商業模式的公司全部陣亡，雖然一般消費者已養成免費的習慣，但也另外培養出一批高端消費者，願意付費取得高品質的服務，以 YouTube 為例，聽歌、看影片不必付錢，業者只好插播廣告，你沒付錢當然就只好忍受，以筆者而言，已經深度中毒（每天收聽、收看），就覺得廣告很煩，因此乖乖付錢繳費，Google 雲端硬碟也是一樣，開始不用錢，一旦成為深度使用者就會乖乖付錢，這就是高端的行銷技巧：養 → 套 → 殺！

# 雲端的商機?

**Public Cloud**

網路時代萬物皆免費,播放廣告成為收入的最主要來源,在傳統商務時代,大多數的廣告都是做辛酸的,因為很難追蹤廣告的有效性,消費者也很困擾,一天到晚收到垃圾廣告,看也不看就略過或刪除!

到了網路時代,廣告的性質、效果有差別嗎? Absolutely!當然、絕對、必然!人人、時時、隨地都拿著手機,你的一舉一動都可以被記錄下來,甚至透過 GPS 衛星定位,你每一天到過哪些地方也全部被記錄下來,現在 Amazon 的 ECHO 家庭助理,更將你家中所有的聲音記錄下來,這些資料全部被送到雲端資料庫,我們稱這樣的資料為 BIG DATA(大數據)。

大數據有何用呢?舉個例子,ECHO 錄到你家有貓叫聲,而且每一天都有,是否可以判斷你家有養貓,寄一份貓食打折廣告給你,你或許會感興趣,你就下了訂單,這就是有效的廣告效果!

## 🔊 智慧行銷：雲端 + AI

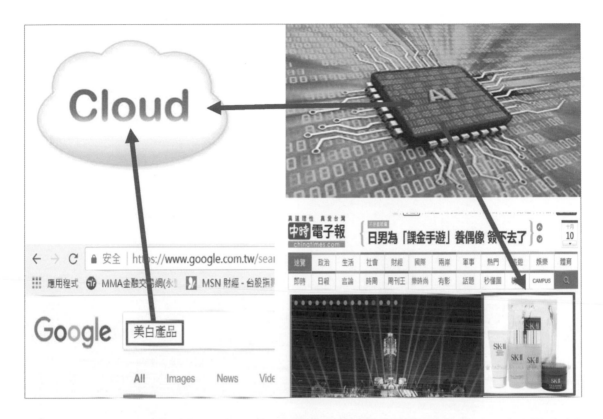

再回到 Google 搜尋引擎，真是佛心來著，有問必答從不收費，而且很奇怪的，某一天你在網路上搜尋「美白產品」，沒多久，你再次上網時，很多美白產品廣告會自動的「推」到你面前，這些廠商怎會如此適時地了解您的需求呢？原因很簡單，Google 這個內鬼出賣了你的一舉一動！

你的消費習慣、興趣、朋友、…，這一切個人資料是非常值錢的，透過這些資料，廠商可以對你進行「有效」行銷，適時地提供你需要的商品，再以美白產品為例，假設 Google 在一天內蒐集到 1,000 筆「美白」資料相關查詢，Google 可能就會將這 1,000 筆資料賣給 SKII，若是再專業一些，Google 甚至提供消費者個人資料：性別、收入、職業、歷史購物記錄，那麼透過 AI 人工智慧分析，一份量身訂做的廣告 DM，將能更精準地打動消費者的心！

## 🔊 智慧行銷：Data Mining

好大的一座礦山，99.99% 都是毫無價值土石，只有那 0.01% 的礦石是有價值的，但必須經過：資金、人力、時間的投入，才能開採出來。

BIG DATA 的價值就如同礦山一般，如何在大數據中開採出有效的商業資訊，成為網路行銷的顯學，Google 靠著強大的搜尋引擎建構 BIG DATA，Facebook 靠著社群建構人際關係圖及消費資訊，是網路行銷行業的 2 大龍頭，也是目前廣告收入的兩大巨頭。

電子商務崛起，Amazon 的商品搜尋引擎甚至強過 Google，從前 Amazon 還必向 Google、Facebook 購買廣告，今天多數消費者直接上 Amazon 網站進行商品搜尋，Amazon 更進行消費者意見回饋機制，建立完整的消費資訊，如今 Amazon 已成為全球第三大廣告商，逐步蠶食兩大網路廣告巨頭的市場。

# 🔊 通路為王 → 社群經營 → 智慧雲端

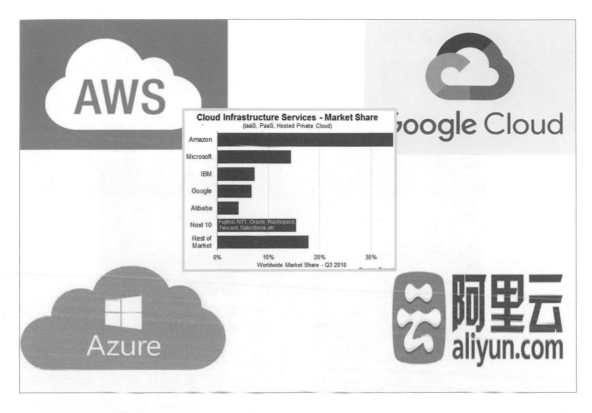

將資料上傳雲端資料庫已是資料儲存的主流趨勢，唯有這樣才能大幅提高資料分享的方便性與效率！

投入這個領域的領導廠商，居然是電子商務商務出身的 Amazon，而不是以網路科技創新代名詞的 Google，Amazon Web Service 亞馬遜雲端服務簡稱 AWS，是一個 Amazon 內部為了創新方案，所規畫出來的獨立資源配置規劃，讓每一個方案所享有的計算機資源：硬體、軟體、儲存空間、頻寬、…，完全獨立不會互相干擾或拖垮整個系統，當資源需求增加時只要擴充硬體設備、網路頻寬即可，完全模組化，這樣的內部創新，居然成為所有新創企業的最愛，目前 AWS 的市佔率超過 50%，AWS 的獲利更遠遠超過亞馬遜的本業：線上購物。

目前全球 IT 產業龍頭廠商都已全力投入雲端服務市場，但這個產業一樣是個資本密集、經驗密集的產業，先佔先贏的趨勢非常明顯，Amazon 全球布局的優勢對於跨國企業有著致命的吸引力，因此新投入者面臨的必然是充滿艱辛的旅程！

## 🔊 消費者個資

臉書（Facebook）日前爆出個資外洩事件，除了導致股價大跌以外，也使得美、德兩國近六成民眾在事件後，對臉書投以不信任的態度，而其中「矽谷科技大亨」特斯拉執行長馬斯克（Elon Musk）更是刪除旗下兩大公司的臉書粉絲專頁，讓 Facebook 面臨平台創辦以來最大的危機。

Facebook 公布 2019 年第二季財報，營收達 169 億美元，同比成長 28%，超乎外界預測的 165 億美元；同時 EPS 為 1.99 美元，也勝過預期的 1.88 美元。當日 Facebook 股價上漲 4%。

儘管知道自己的個資被洩漏、不當使用，個別消費者有能力拒絕 Facebook 社群服務的魅力嗎？在免費使用各項網路服務時，都必須簽下資訊使用同意書，多少人可以拒簽？除非政府法令嚴格禁止，並追究刑責，罰款對於 Facebook 這樣巨型公司就是九牛一毛！消費者唯一能做的，是決定要將自己多少個資公佈在網路上！

# 習題

( ) 1. 下列敘述何者正確？

(A) 商品的替代性越高，價格敏感度則越低

(B) 商品的獨特性越高，其所享有的溢價利潤越高

(C) 越奢華的商品，其價格越高

(D) 商品的替代性越低，多為高價商品

( ) 2. 下列有關商品獨特性的敘述，何者有誤？

(A) 具有獨特性的商品，往往透過薄利多銷的方式，創造高額的營收

(B) 所有 Apple 產品都有獨特規格，由於智慧財產權保護，價格、毛利遠遠凌駕相對應產品

(C) LV 就是時尚、尊貴的代名詞

(D) 台北帝寶透過超高價策略，形塑頂級富豪獨享的尊榮感

( ) 3. 下列何者非平價奢華的代表？

(A) ZARA          (B) DAISO

(C) IKEA          (D) TOYOTA – LEXUS

( ) 4. 「給我低價，其餘免談」！全世界不論是有錢、沒錢國家都有專營低價品的企業！下列敘述，何者正確？

(A) 10 元商店：台灣低價商品代表，店內商品多為倒店貨

(B) 拚多多：目標客群為一、二線鄉民

(C) DAISO：韓國知名低價商品店家，在全世界都有門市

(D) Brandless：美國無品牌商品，商業模式與台灣 10 元店相似

( ) 5. 下列有關西爾斯百貨 ( 一家根基深厚的百年企業 ) 的敘述，何者正確？

(A) 以獨創的目錄郵購行銷策略，成為全球最大百貨公司

(B) 曾與 Walmart 合併

(C) 公司失敗的原因在於成本控管不好

(D) 西爾斯百貨是被 Wellcome 幹掉的

( ) 6. 影響企業經營與決策的因素，下列敘述何者正確？

(A) 民以食為天，景氣的轉變對餐飲相關產業不會造成影響

(B) 景氣的好壞，是政府的責任，與企業的經營無關

(C) 對環境的變化適時提出應對方案，是成功企業的必修課程

(D) 天時、地利、人和 是企業經營成功的祕訣

（　）7. 面對中國大陸的崛起，下列敘述何者正確？

(A) 全球第二大經濟體為日本

(B) 中國，既是世界工廠，也是世界市場

(C) 中國國家主席習近平的一帶一路，計畫將中國由製造的中國轉變為消費的中國

(D) 美國面對中國的崛起，發起一系列的圍堵中國行動：貿易戰 → 科技戰 → 消費戰

（　）8. 經濟景氣的循環造就了不同公司的崛起，下列敘述何者正確？

(A) 目前電子商務龍頭為 Amazon

(B) Walmart 的市值略低於美國各大零售商的市值總和

(C) Walmart 的營業額遠大於 Amazon，成長率亦呈現極大的爆發力

(D) 電子商務的崛起，造成了實體商務的瓦解

（　）9. 企業經營應以滿足消費者需求為目標，下列敘述何者有誤？

(A) 電子商務將取代實體商務

(B) 目前大多數傳統零售商的經營困境，是來自於對消費者需求改變的漠視

(C) 只要能抓住消費者的心，實體或店面都只是工具而已

(D) Costco 的市值增長不遜於 Amazon

（　）10. 物質氾濫的年代，完全是買方市場，價格可說是最方便、最即時的策略工具。有關價格優惠方案的敘述何者有誤？

(A) 大包裝：營造最低價的形象

(B) 多人同行：以增加消費總金額的方式來降低客單價

(C) 揪團：共同分攤運費

(D) 遊園護照：企圖為所有遊客找出省錢之道

（　）11. 商品打折是普遍的一種行銷手法，有關商品打折的敘述，下列何者正確？

(A) 透過折扣，一定能增加企業的獲利

(B) 若想透過折扣降低價格方式增加獲利，此商品需為價格彈性大的商品

(C) 「本優惠不得與其他優惠方案並用」：是體貼消費者，讓其選擇對其最優的方案

(D) 產品的折扣越多，消費者購買越多

( ) 12. 購買 V.S. 租賃，租賃的優點不包括下列哪一項？

(A) 租賃的當期費用相對於長期平均費用為高

(B) 不需一次準備大額資金，資金壓力較小

(C) 租用的設備可當作自己的資產，在租期內任意使用

(D) 對於短期節稅而言，租比買划算

( ) 13. 定價是一種藝術，請問，下列有關定價策略的敘述何者正確？

(A) 手機 0 元，通訊費綁約兩年：主要收入來源 - 通訊費

(B) 樓上招樓下，阿母招阿爸，網內互打不用錢：站在消費者的立場，幫消費者省錢

(C) 藉由產品組合，一次滿足消費者的所有需求，讓利給消費者

(D) 組合產品定價方式，方便消費者比較

( ) 14. 人潮創造錢潮，而免費服務就是聚集人潮的不二利器，在一般消費者已養成免費的習慣下，但也另外培養出一批高端消費者，願意付費取得高品質的服務，下列何者為其所採用的行銷技巧？

(A) 養 → 套 → 殺！

(B) 透過募資平台，讓消費者成為出資者，便可享受高品質服務

(C) 跟電信業者結合，以組合費率方式綁在一起

(D) 以上皆是

( ) 15. 網路時代萬物皆免費，播放廣告成為收入的最主要來源，下列敘述何者錯誤？

(A) 傳統商務時代，很難追蹤廣告的有效性

(B) 網路時代，透過雲端資料庫，可將廣告精準的傳送給特定族群，達到廣告的效果

(C) 大數據讓「一對一行銷」、「個人化行銷」不再是天方夜譚，而是基本服務

(D) 大數據，不過就是廠商推出的噱頭，對行銷而言，沒有太大用途

( ) 16. 以下有關 Google 的敘述何者是正確的？

(A) 是一個佛心機構

(B) 以服務網友為企業使命

(C) Google 搜尋器大量蒐集客戶資訊

(D) 免費服務是回饋社會的具體作為

( ) 17. BIG DATA 的價值就如同礦山一般，如何在大數據中開採出有效的商業資訊，成為網路行銷的顯學，下列敘述何者錯誤？

(A) Google 靠著強大的搜尋引擎建構 BIG DATA，並適時地將人們感興趣的商品廣告呈現出來

(B) Facebook 靠著社群建構人際關係圖及消費資訊，進行分眾行銷

(C) Amazon 建構消費者意見回饋機制，建立完整的消費資訊，制定更精準的行銷策略

(D) BIG DATA 僅適用於電子商務，對實體商務的沒有任何助益

( ) 18. 下列有關雲端服務供應商的對應關係，何者有誤？

(A) GCP：Google
(B) AWS：Amazon
(C) Azure：Microsoft
(D) Azure：阿里巴巴集團

( ) 19. 面對自己的個資有可能被洩漏、不當使用，個別消費者可以的作為不含下列哪一項？

(A) 將個人比較敏感的資訊刪除，如生日、手機號碼等

(B) 移除臉書與應用程式間的連結

(C) 關閉臉書分享資訊的設定

(D) 所使用的網站都設定同一組密碼

# Product 產品：產品研發、設計、組合對市場的影響

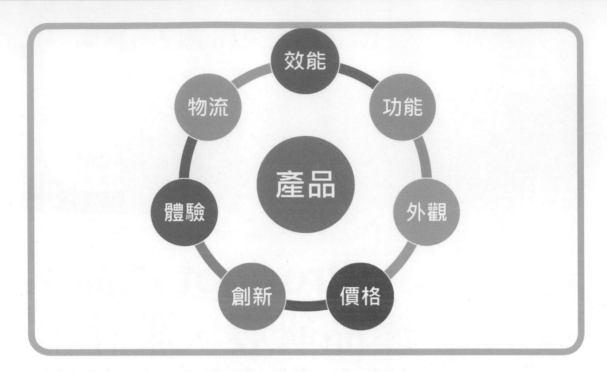

**產**品分為 2 個部分：實體商品、服務商品，單純為了吃飽飯，一餐飯只需要 NT 30，若希望有小確幸的感覺，一餐飯必須需花 NT 150，升職加薪全家同樂，一餐飯必須需花 NT $5,000，而 NT $5,000 最大貢獻度來自於餐廳的裝潢氣氛、優雅服務人員、高級餐具、名廚。

由於經濟發達，在開發中國家、已開發國家中，服務商品佔總體經濟產值不斷攀升，貧窮時期最在意「量」的滿足（吃得飽、穿得暖），富裕時期轉變為「質」感的追求（過得精緻、過得有價值），因此量產的製造商業模式，只能賺取「茅山道士」（毛利 3~4%）的微利。

Amazon 的成功來自於：1. 價格優勢　2. 服務創新　3. 物流便捷，這 3 項都源自於以客戶為中心的服務概念，因此在產品的研發也由產品開發人員的構思轉移到傾聽消費者需求，由提高效能轉變為增加創意，由降低成本轉變為提高客戶滿意。

## 🔊 科技始終來自於人性 - 1

工業革命開啟了人類生活的劇變，一次又一次的產業革命，產品研發日新月異，真可謂是一代新人換舊人，今日市場的寵兒，明日卻成市場的棄婦，市場的淘汰快速又有效率！

影、音、娛樂產品可說是近 30 年來變動最大產業，因為這個產業有一項特質：數位化。網際網路、行動裝置的崛起，讓這個產業的數位化產生極大的產值，媒體、資料在網路上傳送的費用極低，速度極快，因此這個產業迅速產生質變，一支手機取代了千百種電子裝備，雲端資料庫更取代了個人儲存裝置，個人資料、個人喜好、個人朋友圈、…，全部存放在網路上。

行動裝置（手機）主宰了我們生活的全部，為什麼呢？便利、便利、便利，因為很重要所以要說三次，仔細想想…，你生活的哪一個環節可以離開手機？

# 科技始終來自於人性 - 2

人類是群居的動物，群居就必須互相溝通、交流，但由於交通工具發達，人的移動範圍越來越大，人有了距離之後要溝通、交流就會產生困難！

電話的演進由有線演變為無線，可說是一個重大的進展，手機可以帶著走，隨時、隨地都可溝通，但還是侷限於一對一或是團體的即時聯繫。

社群 APP 的出現可說是劃時代的產品，可以將一群人圈在一起，一條訊息可以一次就通知一群人，訊息傳遞採取非即時方式，接收人有空再看，視訊電話更大大降低距離感。

回想一下，以前要開同學會，得打電話通知 50 個人，最起碼 100 通電話才能搞定，現在建一個群組，發一條訊息，全部搞定。以前小孩出國留學，全家人眼淚鼻涕齊飆，一副生離死別的狀態，現在全家人分居全球各地，隨時透過視訊噓寒問暖，透過訊息、照片分享生活點滴，絲毫沒有距離感！

# 🔊 科技始終來自於人性 - 3

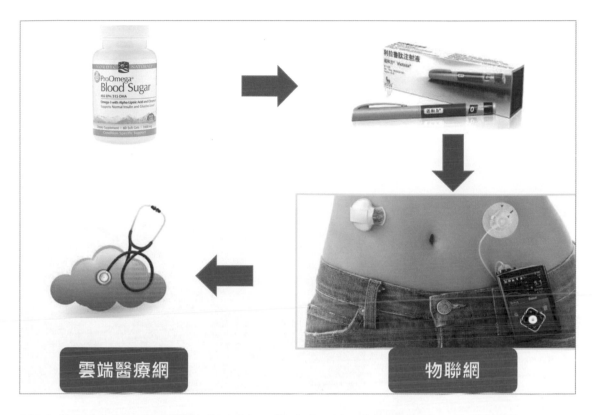

雲端醫療網　　　　　　　　　　　物聯網

糖尿病患者要定時吃藥控制血糖，藥吃多了加重腎臟負擔，因此藥廠研發了注射型藥劑，對於患者來說是一大福音，因此目前醫師大多鼓勵患者將口服藥改為注射。

不論是口服或是注射，藥劑量都是固定的，必須等到下一次門診，由醫師評估數據後才再次調整藥量，而且醫師或患者所量測的數據都只是某一時點，難以對身體狀態進行全時監控。

物聯網時代來臨，萬物皆可聯網，將微小的針頭探測器埋於皮下組織，隨時監控患者血糖濃度，自動調整注射藥劑量，更將患者體徵資訊即時傳送到雲端醫療網，一旦數據出現巨大變化，醫師、患者都可即時接收到來自醫療管理系統的警訊，讓醫生、患者有充足的應對時間，將急救醫療轉變為預防醫療，對於意外發生的控制有極大的效果！

# 科技始終來自於人性 - 4

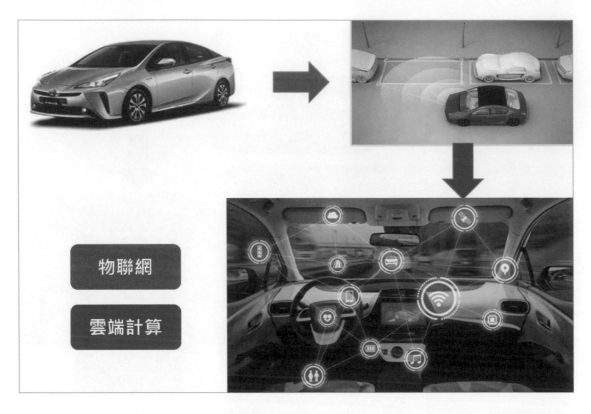

物聯網

雲端計算

又是一個物聯網的應用，汽車輔助駕駛 → 自動駕駛，在車子上裝置攝影鏡頭，就如同駕駛的眼睛，TESLA 車上前後左右有 8 個環景攝影機，提供車體周圍 360 度的視角，範圍可達 250 公尺。再加上 12 個超音波感測器更能輔助視野，能偵測硬物與柔性材質的物體，透過強大 GPU 運算能力，判斷各種路況更做出即時駕駛決策。

目前自動駕駛僅實現到 L2~L3 等級，距離完全自動駕駛的 L4 等級還有一些距離，但輔助駕駛的部分，例如：自動 Parking、盲點偵測、高速公路自動駕駛、…，都已相當成熟。

自動駕駛是科技與經驗的搭配：

| 科技 | 物聯網的不斷成熟，人工智慧的進步，GPU 運算能力不斷提高。 |
| --- | --- |
| 經驗 | 車輛行駛時不斷蒐集路況資料，並將資料傳送至雲端資料庫，每天數十萬輛 TESLA 在路上跑，便是不斷累積駕駛經驗，筆者相信，100% 無人駕駛不遠了！ |

# 科技始終來自於人性 - 5

大眾運輸：公車 → 計程車 → 捷運，進步持續進行，但仍然有極大的進步空間！

| | |
|---|---|
| 公車 | 等公車，等多久呢？遇到脫班的情況，簡直等到抓狂，但還是只能無奈，物聯網時代，車子的位置隨時傳送至雲端系統，搭車者即時知道班車抵達車站的時間：公車站的顯示屏幕、搭車者的手機，搭乘公車可以不用浪費生命在等待上。 |
| 計程車 | 下大雨、偏僻地點、交通尖峰時刻，都不容易叫到計程車，非尖峰時刻計程車在路上亂逛浪費油錢卻找不到搭車的顧客，UBER 叫車平台同時解決了計程車業者、搭車者的問題，相同的，這還是物聯網的應用。 |
| 無人車 | 一般人家中的轎車，一天平均使用時間不會超過 2 小時，空閒的時間可以出租嗎？理論上沒問題，但還要跟租借人做交接的動作，可行性就不高了，但如果閒置的車子可以自動開出去、再開回來，那就完全改觀了，無人駕駛是交通工具分享經濟的最終解決方案！ |

# 🔊 科技始終來自於人性 - 6

遠距離的旅遊、洽公，住宿安排是不可或缺的，傳統的選擇不外乎：大飯店、小飯店、小旅館，都是商業化經營，商品訴求：經濟、效益、乾淨。

近年來隨著經濟、教育發達，人們的旅遊也產生了質變，團體旅遊轉變為自助旅遊，再加上科技的進步，GPS 電子地圖簡便實用，APP 旅遊導覽詳實豐富，更助長了自助旅遊風。

自助旅遊客不再長時間停留於都會區，而是進行更深度的鄉野探索，這時，「民宿」變成了旅遊體驗的重要元素，當然，還是科技的進步，必須有人建立資訊平台，有空餘房間的屋主上網登錄，有住屋需求的旅客上網搜尋，達到供需雙方面的整合。

AIRBNB：透過 Air（網路），安排 Bed（床）、Breakfast（早餐），原始構想是一種分享經濟的概念，是一種簡易型的住宿安排，但隨著旅遊型態的改變，許多人將自己都會區的住家也拿出來出租，AIRBNB 與飯店最大的不同，在於它提供了體驗「當地住家」的感覺。

# 創新的兩難

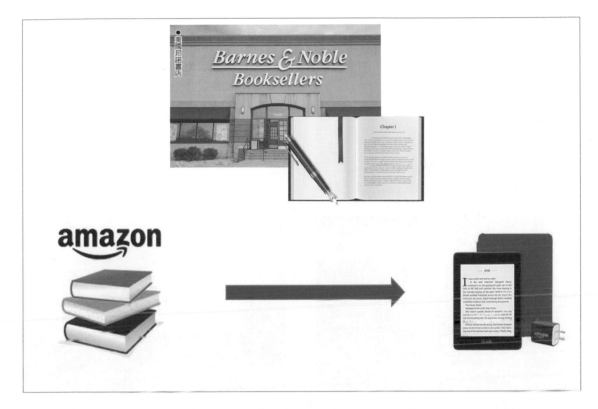

當市場趨於成熟時，幾大廠商掌控市場，各自以不同的商品訴求、市場定位，佔據一定的市場份額，成為寡占市場的既得利益者，幾乎所有的產業都是如此！

既得利益者會再大量投入資源，打破市場均勢嗎？好像很少發生，為什麼？難道不會居安思危嗎？會，但很難！企業的成功，會讓決策者沉迷於勝利的滿足感中，對於新的事業多半採取嘗試的態度，因為要用創新的左手打敗既得利益的右手，違反人性！

Amazon 電商崛起，成為網路書店的霸主，但 CEO 貝佐斯卻成立電子書部門，並將原來書籍部門主管找來，並賦予唯一的任務：全力發展電子書，讓實體書退出市場，今天電子書已在市場上取得很大的份額，主導權掌握在 Amazon 手上，Kindle 電子書閱讀器成為市場上的新寵，全球各大書商在先機已失的情況下，只能苦苦追趕，這又再次印證：「富不過三代」，「創業維艱、守成不易」！

# 🔊 產品：商品、服務

隨著生活水平的提高，商品的發展逐漸由「實體」轉向「服務」，由「量」轉向「質」！

一樣是電動車，特斯拉的價格是比亞迪的數倍，而且銷售量還高於比亞迪，高檔餐廳價格不斐依然是門庭若市，一般人每個月花在非生活必需的費用：娛樂、閱讀、旅遊、通訊、…，所佔比例逐漸提高，整個政府的 GDP，服務業已經占到 4~5 成。

工業時代 → 商業時代 → 服務業時代，產業、消費、生活都起了大的改變，由於物資氾濫，供過於求，因此市場幾乎一面倒的轉為「買方」市場，既然買方說了算，賣方就必須盡力滿足消費者需求，整體思維為由「我要賣什麼」轉變為「消費者要買什麼」。

Apple 賈伯斯最大的本事，就是永遠提供讓消費者感到驚艷的產品，他所提供的是消費者的未來需求，因此市場上永遠沒有競爭者，他賣的不是產品，是創意、是服務，Apple 產品享有超高的品牌溢價！

## 🔊 商品：創新研發

Apple 的 LOGO( 商標 ) 上寫著：Think different.，它的產品有自己的規格、自己的作業系統、獨特的功能設計、引領時尚的造型創新、…，在市場上完全沒有競爭對手。

特斯拉是全球第一家純電動車量產製造商，領先全球的電池管理系統、自動駕駛、全球布局的超級充電站，全部都是創新、研發，全球各大車廠，就像個傻 B 一樣看著特斯拉顛覆整個市場。

Dyson 是家電產業的 LV，一部電風扇、吸塵器、吹風機動輒 US $600~1,000，創新研發的馬達技術，讓 Dyson 產品成為：精巧、高功率的代名詞，為成熟低毛利的家庭電器產品賦予新生命。

hTC 曾經是台灣之光，智慧手機的領導廠商，目前已經戰敗退出手機市場，轉入虛擬實境產品研發，失敗並沒有改變這家企業創新的 DNA，反而另起爐灶，企圖再一次笑傲江湖！

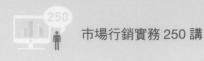

# 🔊 企業介紹：Apple

從小受教育：「循規蹈矩」，考題一定有標準答案，跟標準答案不同就是錯，亞洲的小孩被教笨了！好奇心、創意、美感全被扼殺了，我想這也是國家發展限制的根源。

APPLE 的企業精神卻是：「Think different.」，擺脫今日、擺脫潮流、擺脫標準，重新思索消費者需求，一系列產品，無一不是騰空出世，令世人驚豔：

Apple II → 麥金塔 → … → iTune → iPod → iPad → iPhone → iWatch…

賈伯斯被譽為當代最有創意的企業家，他創立蘋果電腦，卻被董事會逐出公司，他重新歸零，創立了 NeXT、皮克斯動畫（1995 年拍出玩具總動員），1996 年被 APPLE 董事會邀請回來，解決公司的生存危機。

賈伯斯在演講中提及，他人生的兩次轉折都是上帝的恩典，大學輟學讓他認識印刷美學，這也成就日後麥金塔電腦的獨特不凡，被董事會開除，讓他重新找回對工作的熱情，不怨天尤人，以熱情面對每一天，是所有年輕人的人生導師！

# 🔊 APPLE：硬體 → 軟體 → 系統 → 生態

賈伯斯所創立的 APPLE 王國，是 IT 產業的獲利王，但為何其他廠商不複製、不超越？不是不想做，是太難了！

APPLE 王國的產業領域含括：硬體、軟體、系統、生態，APPLE 在每一個領域都是領先者，每一個領域又全部是與外界不相容的獨立規格，每一個領域互相結合為 APPLE 王國，這是賈伯斯窮其一生建構的王國，賈伯斯離世後 20 年內，其他企業都還難以望其項背。

以華為為例，目前號稱是全球 5G 領導廠商，華為手機市占率全球第二，手機作業系統採用 Google 的 Android 系統，中美貿易大戰下，華為手機被限制不得使用 Android 系統，華為自行開發的鴻蒙作業系統又缺乏生態(APP)，要建立完整 APP 應用程式，少則 5 年，因此也難以獲得中國以外市場消費者的青睞，這時我們才深深體會到 APPLE 的護城河有多高多深，所有產品的系統、規格、標準完全自訂，是一個獨立的王國，別的廠商攻不進去，他卻可接收其他產品的高階使用者，APPLE 的競爭者只有自己，賈伯斯仙逝後 APPLE 能否保持創新能力才是生存的最大考驗。

# 服務：創新研發

物聯網的時代來臨，許多運用新科技的創新服務，正默默改變我們的生活：

- ⊙ UBER EATS：網路點餐外送，大幅提升餐點外送效益，餐廳、顧客、外送人員三贏，可提高原實體店面經營效益，或新創業者免除實體店租費用。

- ⊙ Tesla Update：車上所有裝置配備的運行都透過行車管理系統，需要進行軟體系統更新時，不須要回廠，直接透過網路更新即可，車輛運行任何資訊亦回傳雲端資料庫，隨時掌控車輛狀態。

- ⊙ Amazon Alexa：一個能夠收音的小喇叭，隨時監控家中的所有聲音，如果聲音中包含「Alexa」，就知道你發出命令了，他連接雲端資料，因此上通天文下知地理，他連接所有網路上的廠商及親友，因此可以為你採購商品、訂餐廳、取消約會。

- ⊙ iParking：結合車牌辨識、金流系統，使用公共停車場，無須刷卡、領票，繳費，就像使用自家的車庫，一句話，就是方便。

# 🔊 企業介紹：TESLA

設置充電樁是政府的責任？

外國品牌進入中國很容易被「山寨」，因為外國品牌產品好，但外國品牌看似受到利益侵害卻是越賣越火，因為山寨本身就是一種免費的行銷，山寨品難以取代正品的關鍵在於，真品提供的價值不單純是「商品」本身。

TESLA 是目前最火的電動車商，蔚來汽車號稱是中國的 TESLA，這就是一種山寨的概念，但仔細探究 TESLA 王國的疆域，你便會發現真品與山寨的差異：

⊙ TESLA 全球布局汽車充電樁，腳步比各國政府還快。

⊙ TESLA 擁有全球最大電池製造廠及最先進電池管理技術。

⊙ TESLA 擁有家用太陽能系統，提供家用能源管理一條龍服務。

⊙ TESLA 擁有目前商業化進程最快自動駕駛系統。

TESLA 與 APPLE 一樣，他們都在建立自己的產業王國，他所經營的不只是電動車，而是整個電動車產業，不斷的創新、併購新創公司，永遠都是產業的領航者。

# 📢 小米出了什麼問題？

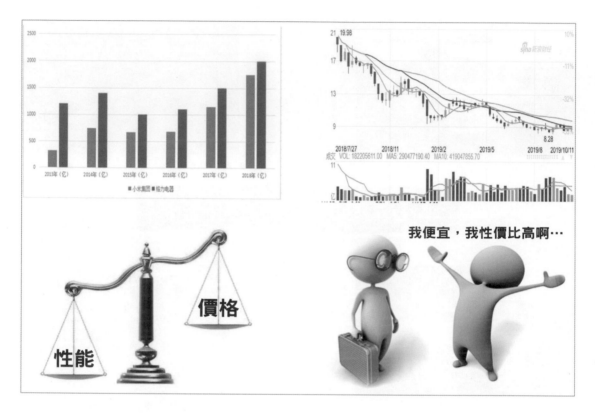

小米 2018 上市以來營運資訊：

> 股價大跌：20 → 8（右上圖），營業額成長顯著（左上圖）

小米號稱自己是一家網路科技公司，如同：APPLE、華為一般，但市場給予的估值卻將它打臉為一家網路行銷公司，實際上小米的行銷費用也遠高於研發費用。

小米的最成功行銷口號：「同性能產品，小米最低價」，小米並沒有脫離山寨本色，比的不是科技含量，而是價格最低，產品琳瑯滿目，但全部都是採用他人零件所組合的終端產品，因此沒有科技含量，由於致力於降低成本壓低售價，因此毛利也極低，科技含量低＋獲利低 → 市場估值低。

與小米對賭的格力電器雖然在業績上只是險勝小米，但在獲利能力與股價表現上卻大勝小米，因此明顯看出 2 家公司體質差異。記得一點：營銷數字反映的是上一期、上一年的落後資訊，股價反映的卻是投資者對企業未來的估價，因此小米的問題變簡單了：「不具未來投資價值！」。

## 企業介紹：DYSON

戴森公司（Dyson Ltd）是英國的一家電器公司。該公司是世界首家研發生產旋風分離式吸塵器和首家生產無葉風扇的公司，戴森的企業理念：「Different & Better」，也就是透過創新來開發與現有產品存在根本差別的獨有的革新技術，從而製造出具備全球更高功能的產品，使客戶的生活變得更加美好。

傳統式吸塵器一台美金 $70 左右，Dyson 無線吸塵器一台 $500 左右，電風扇、頭髮吹風機也是一樣價格高的驚人，請注意此處的用詞：「價格高」，而不是：「價格貴」，差別在於：物超所值，Dyson 無線吸塵器輕巧、吸力強、噪音低，一試成主顧。

Dyson 的產品價格高，卻成為各大商場促銷的主力商品，筆者對於高單價的奢侈品一向沒有特別的喜好，近幾年受小女兒的影響，開始使用 APPLE 的產品，從此再也回到不到 Android；後來到大女兒家，試用了 Dyson 吸塵器後，覺得真的不貴，反而是物超所值，原本不喜歡打掃房子的筆者，因為 Dyson 吸塵器的輕巧方便，遂將請鐘點工人清潔房子的習慣，變成自己動手，仔細算一下，Dyson 真是不貴！

# 案例：創新的失敗與成功

中國共享單車第一階段宣布全面潰敗，現在由阿里巴巴接手進入第二個世代，成功與否靜觀其變，反觀台灣，由台北市崛起的 Ubike，捷安特團隊接管台北市政府失敗的案子，成功的將共享單車推廣至全台灣。

一般人都將創新專注於科技面，中國的共享單車就是強調「無樁」，利用 IOT（物聯網）科技達到隨地租車、還車，但結果是「方便」變成「隨便」，無視於公民教育水平，單車被占用、毀損情況嚴重，廠商更因缺乏管理機制，導致整個系統的全面潰敗。

台北的 Ubike 採取的策略是相對不方便的「有樁」式單車租借，固定地點才能借車、還車，相對的優勢是「管理」方便，因此車輛的調度、維修都有極高的效率，民眾滿意度高，經過幾年不斷擴點，目前大台北區幾乎是到處有租車站，原本「有樁」式的不方便消失了，因為租車點密度很高的情況下就等於「無樁」，再加上捷運、公車系統的整合，形成完整便捷的交通網，台北市共享單車的成功是管理模式的整合與創新。

# 產品定位

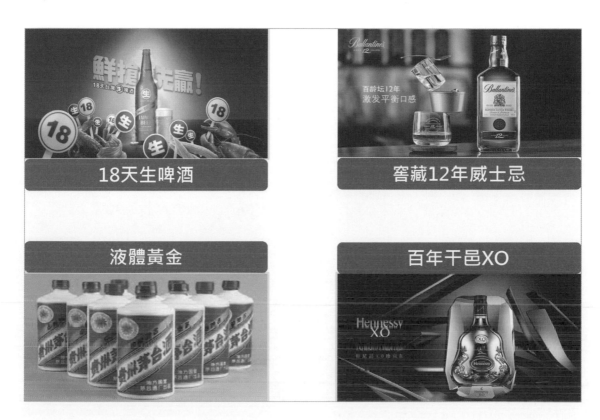

在商場上「知己知彼，百戰不殆」是基本常識，強調在競爭市場中找到自我定位的優勢利基，以下分別介紹 4 個國內外知名案例：

| 18 天生啤酒 | 啤酒是舶來品，因此本國商品在競爭中始終居於劣勢，台灣啤酒為生啤酒找到本土的競爭利基：「新鮮」，強調只有本土品牌才能做到的 18 天生啤酒。 |
|---|---|
| 窖藏 12 年 | 威士忌並不會因為年份久而一定表現的更好，瓶子上的年份未必是好喝的關鍵，窖藏 12 年被定位為中價位的商品。 |
| 百年干邑 | 選用 1900 年大香檳區自產的葡萄釀製，在橡木桶中發酵成熟，歷經幾代人整整一百年的精心釀造與細心呵護，始成就此世界聞名的極品級絕妙佳釀。 |
| 茅臺酒 | 1996 年茅臺酒工藝被確定為國家機密加以保護，2001 年茅臺酒傳統工藝列入國家級首批物質文化遺產，茅臺酒＝中國國酒。 |

# 品質卓越

品質卓越是消費者接受度最高的商品廣告用詞，不同產業對於品質卓越也有不同的定義：

| | |
|---|---|
| ASUS | 華碩電腦的 SLOGAN「華碩品質堅若磐石」，強調產品的耐用性、可靠性。 |
| Galaxy | 三星手機全球市佔率第一，商品主打創新、硬體規格。 |
| Lexus | TOYOTA 汽車切入高端汽車市場所推出的新品牌，用以擺脫消費者固有國民車的印象。 |
| ZARA | 全球最大流行服飾品牌，以「平價的奢華」抓住中階消費者的心。 |

## 📢 高性價比

窮人在消費族群中始終佔最大份額，因此物美價廉是永不退流行的廣告詞，現在有一個新名詞：高性價比。

| TOYOTA | 國民車的代表品牌，也是全球汽車銷量第一的品牌，強調經濟實惠。 |
| --- | --- |
| 小米 | 以山寨起家，強調產品高貴不貴，近年來大搞飢餓行銷，是 3C 產品低價的代表廠商。 |
| Space X | 美國火箭發射民營企業，成功研發火箭發射回收技術，接受各國委託發射人造衛星的價格只要原本的 1/3，目前市場占有率 90%。 |
| 華為 | 中國通訊大廠，大量接受中國政府補助，被美國政府指控：「以商業間諜剽竊全球大廠技術」，目前以超低價格在全球通訊市場中搶標，已引起美國為首的五眼聯盟國家的集體抵制，並成為中美貿易大戰的關鍵廠商。 |

# 📢 創造消費者需求

賈伯斯的三句經典名言：

⊙ 聘請傑出人才，卻又要這些人才聽命行事，這是沒有意義的！

　→ 聘請優秀人才的目的，是要他們告訴我們，如何可以更成功。

⊙ 創新是領導者和追隨者的分野！

　→ 唯有創新才能成為市場的領導者！

⊙ 消費者並不知道自己要什麼，直到你將東西擺在他們面前！

　→ 光是滿足消費者需求是不夠的，要更進一步「創造」消費者需求！

這三句話點出了企業管理 3 個層式：知人善任 → 藍海策略 → 創造需求，創新始於人才培育與任用，策略決定企業長期發展方向，思維變革為企業開創藍海市場。

# 🔊 AMAZON：科技 DNA

亞馬遜以「網路上賣書」開啟全球電子商務的首頁，又以「賣天下一切東西」為職志成為全球最大電子商務公司，目前又開發 Amazon Go 無人商店，落實 O2O 虛實整合商務，亞馬遜徹頭徹尾就是一家科技創新公司。

AWS：Amazon Web Service 亞馬遜網路服務公司，是目前亞馬遜獲利最高的營業項目，亞馬遜又是這個產業的創始者，也是目前市佔率超過 50% 的公司，此系統開發的目的，是為了滿足企業內各個專案團隊創新，所開發設計的計算機獨立運算架構，是一種網路運算資源的分享，無心插柳的結果，卻成為新創公司，對於資訊部門投資的最佳選擇方案。

目前全球各大企業也紛紛採用網路資源分享方案，以降低在資訊部門投資的費用與風險，亞馬遜憑藉技術先發與全球布局的優勢，獲得市場競爭的最大份額，Google、Microsoft、Alibaba 只能在後面苦苦追趕！

# 🔊 Amazon 投資邏輯

「勤儉持家」、「成本控制」、「以最小成本取得最大效果」是亞洲式管理常見的 3 句話,這樣的管理思維還能對應今天的產業競爭嗎?老實說,若是事事求穩、不敢冒險,那就朝九晚五當個上班族,不要搞實業了!

亞馬遜的創新投資策略「謀定而後動」,先確認創新項目對於企業發展的絕對必要性:

> 若否:試驗性的投入資金,確定可行性後,再大舉投入。

> 若是:以最大的代價,建立完整的產業規模,讓競爭者無法複製、山寨!

以資金、技術、時間建立企業強大的護城河,這就是西方管理哲學,一旦創新方案成功,競爭對手想跟風之前,必須仔細評估口袋夠不夠深?投入後是否還有利可圖?是一種大手筆投資,屬於知易行難,反觀亞洲式創意,小投資小製作,人人可抄襲,例如:葡式蛋塔、茶飲店、…,不具技術、資金障礙的創意俯拾皆是,是不值錢的,記得,這是個執行力的時代,簡單的創意無法成就偉大的事業!

# 跨產業整合：運輸 + 綠能 + 智能

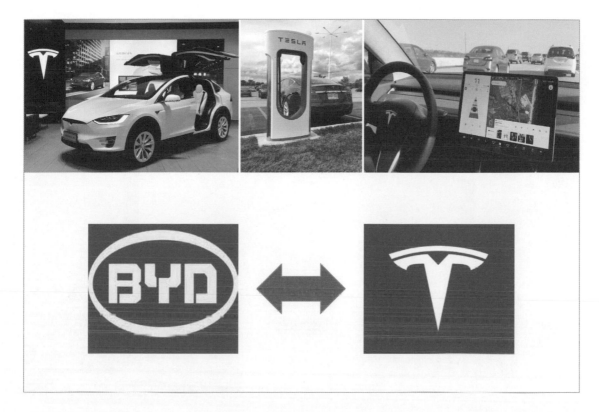

TESLA 電動車席捲全球後，傳統大車廠也紛紛加大力道、投入研發，憑藉雄厚的造車工藝基礎，企圖擊潰缺乏造車經驗的 TESLA，所有的產業分析師也一面倒的認為 TESLA 將面臨強大的挑戰，但，是嗎？

雙 B 是汽車公司嗎？毫無疑問的，答案：是的！ TESLA 是汽車公司嗎？當然不是，是「電動」車公司，拿汽車比電動車本身就是不倫不類，汽車的概念就是能跑就好，電動車的概念必須加上：綠能、智慧駕駛，TESLA 所建立的帝國遠遠超過一家「車」廠，能源管理技術、全球布局充電站、全球最大電池製造廠，這一切都不是傳統車廠可以競爭的，根本就不是同一個量級。

中國的愛國產業分析師，還在拿 BYD( 比亞迪 ) 電動車的續航力與 TESLA 做比較，還在強調價格競爭力，這就相當於拿中國的小米與美國的 APPLE 做對比，毫無可比性！

# 研發的進化：願望商品

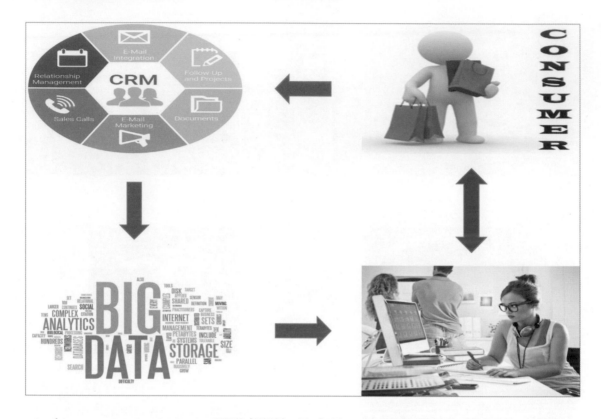

RD（Research Department 研發部門）是商品、技術研發的主管部門，研發、設計不是閉門造車，而是以滿足消費者需求為最終目標，市場調查是研發部門與市場對話所採用最普遍的方法。

市場調查是一種保守性的作法，只能針對目前已經有的商品、喜好、功能做調查，只能是一種漸進式的改良，對於創新毫無幫助，APPLE 之所以偉大，在於創造消費者需求，是一種無中生有的創新。

高手在民間，消費者的創意有如浩瀚大海無邊無盡，建立消費者創意園地，讓消費者抒發創意，透過公開評選取得優秀作品，再交由研發部門做可行性評估，以此擴大創意發想的範圍。

另外，在 IT 科技應用日漸普及的今日，經營消費者社群，蒐集消費者喜好、習慣，透過 CRM 客戶關係管理系統整合消費者資訊，更是商品研發的重要課題。

# 無印良品：傾聽市場聲音

生活良品研究所是無印良品與顧客溝通的主要管道，透過網路和顧客雙向交流資訊；而部門中的 IDEA PARK 負責收集顧客意見，像是「想要這樣的商品」、「希望能改善這個商品的某某部份」，一年大約會收到 8,000 件顧客意見，各商品部負責的工作人員則配合商品開發計畫加以評估、回應。這些回應內容會在每個月金井會長出席的會議中，提出來報告。實際上，金井會長也能看到社內網路上所有顧客意見，據說，有時候他也會直接指示，要確實針對某個期望做出回應。

在網路上造成話題的迷你「懶骨頭沙發」，就是因應 IDEA PARK 收到的顧客意見，而決定重新銷售的商品。而「球型矽膠製冰盒」也是在很多顧客的期待下再次販售，結果馬上銷售一空。之後，不知從何時起，它就成了網路限定商品，現在則是家居用品部門的熱門商品。

## 📢 創新商業模式

| | |
|---|---|
| YouTube | 共享影音平台，各行各業都可以此平台作為行銷管道，消費者也由此管道取得免費資源，平台經營者賺取：廣告費用、VIP 會費。 |
| UBER | 出租車平台，所有閒置車主可上網登錄接受叫車服務，所有乘客可以上網叫車，平台的功能就是整合叫車服務的供給／需求，租車費用根據需求強度做機動調整，有效調節尖峰時段的需求。 |
| AWS | 亞馬遜雲端服務，新創企業或企業內新的專案，對於網路服務需求量不確定，或想專注於核心事業者，採用 AWS 不必自行成立龐大資訊部門，並依實際需求調整需求量，更提供全球化服務。 |
| 晶圓代工 | IC 製造需要龐大的資本（建廠）與製造經驗的累積（良率提升），對於中小型 IC 設計公司而言，自行製造是不符合經濟效益的，交給別人生產又怕技術外洩，台積電就是全球第一家專業 IC 代工廠，秉持專業、誠信贏得客戶的信任，今日 IC 設計蓬勃發展，就是因為 IC 代工的誕生！ |

## 🔊 日韓貿易大戰

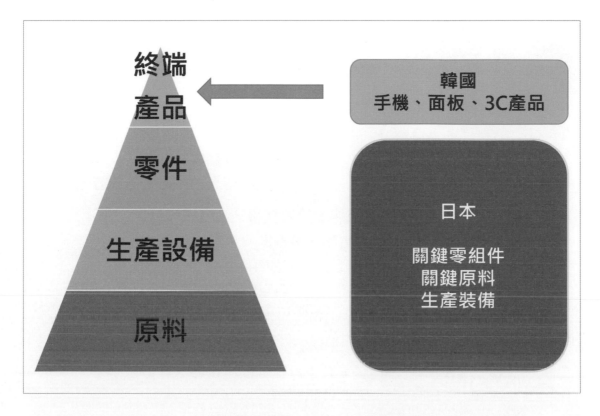

日本經濟泡沫後，近 20 年來韓國在 3C 電子、家電產業可說是全球第一，到處都是 Samsung、LG 的廣告看板，韓國真的這麼強？日本又真被擊潰了嗎？

2019 年 7 月 1 日，日本政府宣布對韓國實施嚴格的半導體出口限制。

禁令一出，韓國各大財團 CEO 立刻前往日本進行協商，希望能取得關鍵零組件、關鍵原料、生產設備，避免自家企業陷入停產的危機，…，原來韓國就是個終端產品的組裝廠，日本卻是韓國企業原料、零件、生產設備的供應商，日本這些年來經濟受到重創，卻持續的進行產業升級，由上面禁令所產生的效應可知，韓國企業發展的命脈掌握在日本的手裡。

中美大戰似乎也是同樣的戲碼？華為、中興都是中國通訊大廠，但關鍵零件卻全部掌握在美國手中，美國發出禁止出口令後，中興科技立刻面臨破產危機。

中美、日韓大戰說明了製造業只能賺取微薄工資，唯有致力於產業升級，才能真正掌握經濟發展的自主權。

## 習題

( ) 1. 下列何者非 Amazon 成功的因素：
   (A) 量大便是美　　　　　　(B) 價格優勢
   (C) 服務創新　　　　　　　(D) 物流便捷

( ) 2. 影、音、娛樂產品可說是近 30 年來變動最大產業，下列何者非此產業的特質：
   (A) 數位化　　　　　　　　(B) 傳輸費用低
   (C) 速度快　　　　　　　　(D) 個人儲存裝置的大容量

( ) 3. 下列有關社群媒體的敘述，何者有誤？
   (A) Facebook：需登錄帳號；發布貼文動態
   (B) Instagram：需登錄帳號；分享照片、圖像為主
   (C) YouTube：需登錄帳號；影音娛樂平台
   (D) Line：需登錄帳號；訊息服務平台

( ) 4. 科技始終來自於人性，透過雲端醫療雲，可以達成的好處有：
   (A) 透過近期就醫資料，減少重複抽血、用藥之醫療風險
   (B) 減少自述病史，降低資訊誤差
   (C) 透過即時資訊的傳遞，協助醫師正確診斷
   (D) 以上皆是

( ) 5. 自動駕駛是科技與經驗的搭配，其所需的關鍵技術包括：
   (A) 環境感知、導航定位　　(B) 路徑規劃、決策控制
   (C) 以上皆是　　　　　　　(D) 以上皆非

( ) 6. 未來三大重要交通趨勢：
   (A) 共享經濟　　　　　　　(B) 電動車
   (C) 無人車　　　　　　　　(D) 以上皆是

( ) 7. 簡易住型的住宿安排 ( 如：民宿 ) 與飯店最大的不同在於：
   (A) 經濟　　　　　　　　　(B) 效益
   (C) 乾淨　　　　　　　　　(D) 體驗

（　）8. 成功的企業失敗的原因源自於：

    (A) 既得利益者很難會再大量投入資源，打破市場均勢

    (B) 對於新事業多半採取放手一搏的態度

    (C) 忽略投入資源在持續性的創新上，滿足高端客戶群，創造更高的利潤

    (D) 過度高估成功的經驗

（　）9. 下列敘述何者錯誤？

    (A) 商品的發展逐漸由「實體」轉向「服務」，由「量」轉向「質」

    (B) 進入服務業時代，市場的思維由「我要賣什麼」轉變為「消費者要買什麼」

    (C) Apple 產品享有超高的品牌溢價來自於對賈伯斯的紀念

    (D) 工業時代 → 商業時代 → 服務業時代

（　）10. 行銷人說，「Slogan 喊久了，市場就是你的。」，下列 slogan 何者錯誤？

    (A) 蘋果：「Think different」

    (B) hTC：「here's To Change」，去發現、去改變

    (C) Dyson：「Different & Better」

    (D) TESLA：讓汽油成為歷史

（　）11. Apple 系列產品（或支援服務）不包括下列哪一項？

    (A) iPhone、Mac        (B) Apple Watch、Apple TV

    (C) iCloud、Apple Pay    (D) Kindle、AirPods

（　）12. APPLE 王國的產業領域不包括：

    (A) 硬體            (B) 軟體

    (C) 作業系統       (D) 網路

（　）13. 物聯網時代的來臨，提供了許多運用新科技的創新服務，下列何者錯誤？

    (A) UBER EATS：網路點餐外送

    (B) Tesla Update：即時路況更新系統

    (C) Amazon Alexa 語音助理

    (D) iParking：解決停車相關的大小事

( 　 ) 14. 下列有關 Tesla 的敘述，何者錯誤？

(A) 與各國政府合作，全球布局汽車充電樁

(B) 擁有全球最大電池製造廠及最先進電池管理技術

(C) 擁有家用太陽能系統，提供家用能源管理一條龍服務

(D) 擁有目前商業化進程最快自動駕駛系統

( 　 ) 15. 下列有關小米的敘述，何者錯誤？

(A) 小米的行銷口號：「同性能產品，小米最低價」

(B) 科技含量低 + 獲利低 → 市場估值低

(C) 小米的研發費用高於行銷費用

(D) 小米號稱自己是一家網路科技公司

( 　 ) 16. 戴森公司（Dyson Ltd）是英國的一家電器公司，下列關於戴森公司的敘述，何者正確？

(A) 戴森的企業理念：「Different & Think」

(B) 生產的產品包含電視、冰箱、洗衣機、吸塵器

(C) 全球首家生產無葉風扇的公司

(D) 其所生產的吸塵器為乾濕分離式吸塵器

( 　 ) 17. 摩拜單車 (mobike) 投放中國內外各大城市後，在一定程度上緩解了交通、環境壓力及出行「最後一公里」難題，也掀起了中國大陸共享單車企業井噴式發展的熱潮。然而其運營模式也給社會帶來了不少負面效應和爭議，進而成為共享經濟下，有許多失敗的案例之一，請問，其失敗的原因不包括下列哪一項？

(A) 公民的教育水平

(B) 強調「有樁」，利用 IOT 科技達到 A 地租車，B 地還車

(C) 廠商缺乏管理機制

(D) 單車被占用、毀損情況嚴重

( 　 ) 18. 在商場上「知己知彼，百戰百勝」是基本常識，強調在競爭市場中找到自我定位的優勢利基，有關國內外知名案例的產品定位敘述，何者正確？

(A) 18 天生啤酒：強調德國純釀，從生產到成品，耗費 18 天的工序才完成的美酒

(B) 窖藏 12 年：威士忌因年份久，越陳越能呈現酒中的滋味，定位為高價位商品

　　(C) 百年干邑：強調葡萄酒的滋味與百年前的韻味相同，不因時代的轉變而影響口感

　　(D) 茅臺酒：中國國家級首批物質文化遺產

（　）19. 品質卓越是消費者接受度最高的商品廣告用詞，不同產業對於品質卓越也有不同的定義，下列廣告用詞的配對，何者錯誤？

　　(A) 華碩電腦：華碩品質堅若磐石

　　(B) Galaxy：商品主打創新、硬體規格

　　(C) LUXGEN：TOYOTA 切入高端汽車市場所推出的新品牌

　　(D) ZARA：平價的奢華

（　）20. 物美價廉是永不退流行的廣告詞，下列敘述何者正確？

　　(A) TOYOTA- 商務車的代表品牌

　　(B) 華為 - 強調產品高貴不貴，是 3c 產品低價的代表廠商

　　(C) Space X- 接受各國委託發射人造衛星的價格只要原本的 1/3

　　(D) 小米：以超低價格在全球通訊市場中搶標，為中美貿易大戰的關鍵廠商之一

（　）21. 賈伯斯的三句經典名言，點出了企業管理 3 層次，下列敘述何者正確？

　　(A) 知人善任 - 滿足消費者需求

　　(B) 藍海策略　創新

　　(C) 創造需求 - 聘請傑出人才

　　(D) 充分授權 - 讓企業動起來

（　）22. 亞馬遜以「網路上賣書」開啟全球電子商務的首頁，又開發 Amazon Go 無人商店，落實 O2O 虛實整合商務，依目前的狀況，下列有關 Amazon 的敘述何者有誤？

　　(A) AWS 是目前亞馬遜獲利最高的營業項目

　　(B) 創辦人為傑夫．貝佐斯

　　(C) 是全球最大的網際網路線上零售商之一

　　(D) Adobe Acrobat 為其所開發的電子文書處理軟體

（　）23. 下列何者為亞馬遜的創新投資策略？

　　(A) 勤儉持家

　　(B) 成本控制

　　(C) 謀定而後動

　　(D) 以最小成本取得最大效果

( ) 24. 電動車的概念不包含：

(A) 綠能 - 能源管理技術

(B) 以電池為儲能和動力來源

(C) 車速仍無法與一般汽車相比

(D) 智慧駕駛

( ) 25. 滿足消費者需求為企業的終極目標，而招攬新客比留住舊客的成本多出 5-7 倍，在蒐集消費者資訊這部分，科技幫了大忙，透過 CRM 客戶關係管理系統整合消費者資訊，讓企業能以消費者為中心進行商品訊息的傳遞，請問，下列何者非為蒐集消費者資訊的來源？

(A) 社群網站

(B) 第三方數據 ( 如：google)

(C) 會員註冊與交易行為

(D) 研發部門自行想像客戶的喜好

( ) 26.「生活良品研究所」是無印良品與顧客溝通的主要管道，透過網路和顧客雙向交流資訊；下列有關無印良品傾聽顧客意見的敘述，何者錯誤？

(A) 收集到的意見直接由客服人員回應

(B) 絕版商品會因顧客意見而重新銷售

(C) 各商品部門負責人員會針對顧客的意見進行評估

(D) 會長也能在社內網路上看到所有顧客的意見

( ) 27. 下列配對，何者錯誤？

(A) YouTube：共享影音平台

(B) UBER：出租車平台

(C) AWS：亞馬遜雲端服務

(D) 鴻海：全球第一家專業 IC 代工廠

( ) 28. 日本政府宣布對韓國實施嚴格的半導體出口限制，此一事件對韓國 3C 電子、家電產業可能產生的影響：

(A) 激起國內民眾愛國心，多買國貨，產能大增

(B) 關鍵零組件、原料等受制於日本，恐陷入停產的危機

(C) 尋求美國的協助

(D) 訴諸 WTO，要求日本解除限制半導體出口

# Place 通路： 通路選擇、通路轉移 對市場的影響

Place（通路）就是消費者取得商品、服務的地方或管道，古代的市集、現代的商店、商場、購物網站都是通路。

近代銷行銷有一句經典名句：「通路為王」，舉例來說，7-11 在台灣擁有 5,000家門市，若業者的商品可以進入到 7-11 通路體系，就有 5,000 家店同時為業者銷售商品，跟傳統經營方式（自營 3 ～ 5 家店）一作比較就高下立判，因此在現代行銷中，通路的經營變成一門顯學。

隨著科技的進步，尤其是物聯網、行動商務應用的普及化，通路的演變越來越多元，通路之間由競爭轉變為整合，O2O（Online To Offline）虛實整合更成為目前通路發展的主軸。

# 移動式銷售點

商業的起源是人們彼此「交換」的行為，透過交換可以達到滿足的多樣化，交換的對象越多，享受的物資就越多元，因此交換的距離就越來越遠。

隨著時代的進步，人口漸漸集中於都市，都會區的人潮帶來錢潮，因此房租價格飆漲，尤其是店面租金，資金不足或是利潤不高的商家就會採取以下幾種移動式商店的做法：

| 種類 | 作業方式 | 優缺點 |
|------|---------|--------|
| 路邊攤 | 每天或每周固定時間，推著餐車到固定地點擺攤做生意。 | 優：租金低<br>缺：看天吃飯，沒保障 |
| 街頭藝人 | 隨著人潮移動，隨時隨地皆可表演。 | 優：無須租金<br>缺：受天候影響巨大 |
| 胖卡車 | 上山、下海皆可達<br>廟會、夜市皆可行 | 優：活動範圍極大化、活動力特強<br>缺：投入資金較高 |

一旦生意穩定了，移動式銷售點便會轉變為固定式銷售點！

## 固定式銷售點

移動式商店最致命的缺點就是無法「落地生根」，營業地點、天氣、環境的不確定性太高，無法為將來預作計畫，生意好了也不知能做幾天，在不敢大規模投資的情況下，移動式商店很難在販售的商品或服務的質量上取得大幅度增長。相對的，固定式銷售點是對客戶宣示「長期經營」的決心，消費後的服務是可以預期的，店家與消費者的關係是可以累積的！

隨著都會生活不斷演進，固定式銷售點已產生了以下的多元發展：

| 種類 | 作業方式 | 優缺點 |
|---|---|---|
| 單店 | 只有一個店面 | 優：人手、組織簡單，管理簡單有效率。<br>缺：規模太小，易受景氣波動影響。 |
| 連鎖店 | 將單店複製到其他地方 | 優：資源分享，可產生獲利極大化效果。<br>缺：資金投入高、經營風險高。 |
| 百貨專櫃 | 將連鎖經營的賣場建置於百貨商場內 | 優：百貨賣場負責商場整體行銷、環境維護，業者可以專注本業發展。<br>缺：經營的自主性降低。 |

# 🔊 購物中心：賣場經營

獨立商店與購物中心的商店有何差別？

傳統獨立商店的店長所要管埋的事務是非常繁雜的，包括馬桶不通、水管漏水、鐵門故障、小偷晚上闖入、隔壁鄰居音量太大、…，一個頭兩個大的店長要衝出漂亮的業績、擴大營業規模是有難度的！

百貨公司的功能就是賣場的經營，提供一個優質的經營環境給賣場內的商家，主要提供服務：保全、清潔、收銀、設施維護、整體行銷、…，把所有的雜務全包了，店長、企業主只需專注於本業的經營：商品開發、服務精緻化、客戶關係管理，並配合百貨賣場的整體行銷活動。

專業分工是近代商業發展很重要的概念，賣衣服的就專注於研究時尚流行，賣電器產品的就搞好創新研發，將保全、清潔、商品配送等非核心工作外包出去，甚至於連資訊中心都外包出去，這是商業進化的必然結果。

# ◁‖ 商城：社區營造

購物中心商店與社區商店有何差別？

近幾十年來，開發中國家經濟崛起幾乎都是資金堆疊出來，因此崛起的速度又快又急，城市開發多半缺乏整體規劃，沒有衛星城市的配套措施，更缺少相對交通運輸建設，因此形成人口高度集中於都會區，使得都會區房價飆漲問題嚴重，反觀歐美已開發國家，都會區發展會規畫出：商業區、辦公區、政府單位，中產階級多半居住於近郊，郊外的居住環境自然是遠勝於市中心區，房價更是中產階級可以負擔的。

有人說人生最快樂的三件事：「1. 吃中國美食 2. 娶日本老婆 3. 住美國房子」，當然美國房子是又大又豪華，但這只要是有錢就可立刻解決，真正可貴的是社區環境、社區規劃、交通建設、實體建設、社區管理、居民入住、工作機會、……，這些都是一步一腳印，用心經營出來的！

與一般購物商城不同，社區購物中心是在地居民生活補給站，它是樸實的，是用來過日子的，就像家一般，在實體商務時代，它是居民購物的入口，在電商時代，它更會是不可或缺的物流配銷中心。

# 專賣店：產品整合

單一品牌與複合式品牌優劣比較？

哥哥要買一雙球鞋，哪一種樣式？哪一種品牌？哪一種價位呢？

如果有一家店可以提供所有知名廠牌、各式鞋樣供哥哥當場選擇、試穿就太棒了！

專賣店，專門賣某一類的產品，例如：運動用品、化妝品、文具、…，為購物目標明確的消費者提供絕對的方便性，因此對於消費者有很強的吸引力，但對於店內所有廠商而言，除了必須面對嚴峻的同業競爭外，對於商店內的行銷、銷售、服務是沒有主控權的。

單一廠牌展示中心（show room）就是廠商另一個選擇，完全的主控權，主場優勢氛圍的建立，當然經營成本非常高，但對於忠實的產品粉絲，卻是一個天天膜拜的聖地，近幾年來 APPLE 展示中心引領風潮，所有手機品牌大廠無不跟風，若把小米展示中心的招牌遮起來，光看照片還真分不清到底是 APPLE 還是小米！

## 🔊|| 誠品複合式經營

有錢有閒的生活體驗

在台灣，誠品書店是僅次於故宮博物院的熱門景點，每年高達 9,000 萬參觀人次，吳清友董事長慧眼獨具，造就今天誠品書店難以撼動的市場地位，但也因此讓誠品在創立初期歷經 17 年虧損的慘澹經營。

書店，賣書，核心消費者是一群有錢又有閒的人，經濟發展必須到達一定的層次，看書才會成為生活習慣，買書則為精神糧食的補充，台灣早期的書店把書當成一般商品來賣，店內的空間規劃及商品陳列講究的是「坪效」，這是文盲在賣書！

誠品書店：乾淨、明亮、寬敞、…，你在店內耗一天把書看完，不花一分錢拍拍屁股走人，是的！沒有人會怪你、趕你！還提供舒適的閱讀空間，鼓勵你慢慢看！

## 🔊 誠品書店簡介

誠品書店：

誠品股份有限公司（英語：The Eslite Corporation，簡稱：誠品書店，英語：Eslite，臺灣證券交易所：2926） 大型連鎖書店，由吳清友於 1989 年 1 月 24 日創辦於臺北市，初期以販售藝術人文方面的書籍為主，之後轉型為綜合性書店，同時結合商場經營，旗下事業涵蓋百貨零售業、文化藝術、旅館與不動產經營等。

2004 年獲《時代》雜誌亞洲版評選為「亞洲最佳書店」。

2011 年獲選為「臺灣百大品牌」文創服務類別企業。

2015 年 8 月 4 日：CNN 評選「全球最酷書店」，共有 17 家書店入選，臺北敦南誠品書店為其一。

誠品鎖定的是高端消費族群，因此不需要打折，而且提供舒適的選書空間，以筆者而言，一次進入誠品書店就是 3~5 本書，買回家慢慢看，有人會說，我們先去誠品挑書，再到網路書店買書啊…，窮學生會幹這種事，但窮學生並不是誠品鎖定的消費族群，即使是窮學生光看不買對於誠品也是有貢獻的，戲文裡說：「有錢的幫個錢場，沒錢的幫個人場」，窮學生是誠品書店內的活動模特兒，為書店創造濃濃的書香氛圍。

書的產值並不高，但卻可以吸引高端消費者，誠品書店近幾年已經發展為複合式商店，以書店為中心，商場內附設：咖啡廳、休閒用品、高端居家用品、…，一本書 NT 300~500，一件休閒用品卻可能 NT 3,000~50,000，高端讀書人的消費模式：氣氛對了，價格就對了！

誠品的經營模式可以複製嗎？很難！正常人經營事業就是以賺錢為前提，賺眼前的錢，因此商場規畫必須以「坪效」計算為前提，誠品想的是賺日後的錢，是一種長期經營的策略，是一種近似於呆子的行為，所有人都在追求速成的密技，因此像誠品這樣的呆子經營策略是學不會的！

# 連鎖商店：通路經營

掌握市場訊息 + 複製成功模式

嘗試錯誤是必須付出學習成本的，人類進步與其他動物最大的差別在於：「人類的知識成長是可以累積的」，今日所有偉大發明都是奠基於前人的努力，沒有人會再從零出發。

建立一家創始店，經過一段時間的實務經營後，根據銷售狀況、客戶反映、日常運作經驗，就會產生：決策調整、流程調整、標準化作業，第 2 家以後的分店就延續創始店的經驗，不必再一次從零開始，新變革實施前，也會挑一家作為實驗店，實驗成功後再落實到每一家分店，成功經驗複製就是連鎖經營可以快速展店的秘訣。

相同的招牌、企業標誌、服裝、作業流程、商品擺設、人員培訓、…，所有的分店共享品牌價值（每一家新店都可延續品牌商譽），也共同創造品牌價值（一顆老鼠屎可以壞了一鍋粥）。

連鎖經營企業隨著分店數的增長，在採購優勢、資訊整合、整合行銷等方面，都可發揮出綜效！

# 🔊 直營門市 vs. 加盟店

若你要創業，會採取哪一種模式？

連鎖商店（Chain Store）展店時，目前市場上有 2 種不同的方案：

| 方案 | 作業方式 | 優點 | 缺點 |
|------|---------|------|------|
| 直營 | 企業直營 | 服務品質容易管控 | 企業自籌展店資金，展店速度慢 |
| 加盟 | 授權經營 | 加盟主提供展店資金，展店速度快 | 缺乏完整的管理權，容易砸了招牌 |

加盟店的成敗主要決定於兩個關鍵因素：

⊙ 管理模式：配套管理模式若不夠周全，加盟主為提高獲利就會各顯神通，缺乏監督管理的情況下，弊病叢生品牌形象必毀。

⊙ 獲利分配：加盟主若可以賺到合理的利潤，才有可能與企業融合為一體，共同為企業的成長作努力，管理培訓措施才有可能落實。

# 連鎖加盟的創業陷阱

1980 年代開始，台灣維持 20 年的經濟快速發展，民間累積大量財富，隨後在產業外移的情況下，經濟停滯 20 年，有趣的現象產生了，有錢的上一代養出了一堆媽寶！

案例：連鎖加盟展，人山人海，多半是爸媽帶著剛畢業、退伍的小孩，坐在各個廠商的洽談區中，由父母替小孩詢問、洽商各種加盟條件細節，幾十萬台幣加盟金就可以馬上當老闆，秒速創業。

| 陷阱一 | 熱門的地點會開放加盟點申請嗎？ |
|---|---|
| 陷阱二 | 冷門地點，經過長期經營，生意轉好之後，對面會不會再出現另一家加盟店或直營店？或於期滿後終止授權？ |
| 陷阱三 | 商品原料、營業設備、門店裝潢費用會不會不合理調漲？ |

媽寶型社會新鮮人連參加加盟店都得由家長帶著，適合創業嗎？這些企業開放加盟是為了追求企業擴張？或是騙取加盟金？

# 直銷：安麗 Amway

直銷（Direct sales）又可稱為傳銷，其原始構想是為了減少中間商的剝削，由製造商直接將產品賣給消費者，跳過：大盤商、中盤商、經銷商，如此消費者就可以較低的價格取得商品。

直銷沒有營業店鋪，全部由業務員對客戶逐一進行：推廣、銷售，憑藉著熱情服務、友誼，獲得客戶介紹親朋好友成為客戶，客戶若對直銷業務產生興趣，也可以轉變為下線業務，上線業務可以獲得下線業務的佣金分成，因此下線組織規模越大，業績獎金越多，漸漸的，認真販賣商品的獎金比不上努力發展下線的佣金，逐漸演變為以販賣人頭為主的老鼠會，在許多國家直銷被列為非法。

直銷商品多半與市場上產品有很大的區隔，例如：專利、高效，以 Amway（安麗）為例，其產品都是強調：濃縮高效、環保、專利，價格也會是市場產品價格的數倍，因此目標消費市場多半定位在中高階層，完全背離原始初衷：「以較低價格取得商品」。

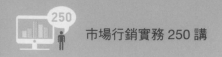
# 🔊 通路的升級

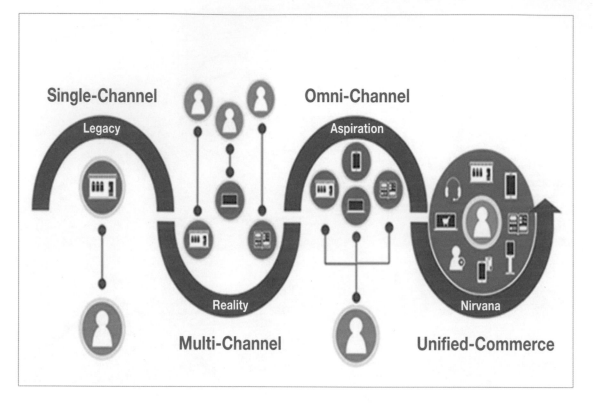

> Single-Channel（單一通路）：單店或純網路商店，消費者只有單一通路可以取得商品或服務。

> Multi-Channel（多通路）：提供不同消費者不同消費渠道，不同渠道之間獨立經營，例如：某一公司有門市營業部、網路商城營業部，各自負擔業績份額，業績獎金獨立計算，因此對於客戶也沒有整合服務的概念。

> Omni-Channel（全通路）：有一位小姐在百貨公司的專櫃買鞋，現場都沒看到喜歡的。於是，店員拿著平板電腦展示給她看一雙店裡缺貨的鞋子。那位小姐立刻上網查看網友穿那雙鞋的照片跟評價後，她當場付錢，請店員調貨。

> Unified-Commerce（整合商務）：從線上到線下，提供消費者整合性資訊與服務，更根據客戶的歷史交易紀錄，提供商品、服務建議與優惠交易條件，達到深化客戶關係管理的目的。

## 📢 店鋪管理 vs. 客戶管理

理想和現實可以兼顧的情況並不多，大多數的企業採取的策略是：現實主義，訂業績目標 → 努力達成，績效的定義就是：業績達成率、毛利達成率、總獲利金額，但這是一種短期式的經營策略，業績隨著環境變化高高低低，上一期的績效與下一期無關，在市場狀況快速轉變下，企業很可能就退出市場了！

Amazon 執行長貝佐斯說：「當新聞報導 Amazon 業績大幅成長時，總有人對我說恭喜，但這個結果其實是 3~5 年前所作的決策、努力」，這就是偉大企業的長期策略，不被財務報表脅持的經營策略，這也是 Amazon 在創業初期不被華爾街分析師看好的主因，一切策略以消費者滿意為依歸，將降低的成本回饋給客戶，而不是成為公司獲利呈現於財務報表中，降成本 → 降售價 → 擴大客群，這個流程不斷循環，就形成 Amazon 著名的飛輪理論：「越轉越快」。

# ◁‖ 店面至上主義

電子商務問世之前，商業流程：選擇商品 → 購買商品 → 結帳付款，全部是在實體店面中完成，因此大多數的企業經營者篤信「店面至上」主義，他們對於業績成長有兩種基本公式：

⊙ 假設一家店的業績是 1 百萬

　公式 1：開 10 家店 → 業績 = 1 百萬 x 10 = 1 千萬

　公式 2：每家店業績成長 50% → 業績 = 1 千萬 x 150% = 1.5 千萬

根據這樣的經營邏輯，快速展店成為企業成長票房保證，但業績成長不等同於獲利成長，由於快速展店所產生的風險更是驚人：

⊙ 店面營業成本（房租、薪資、水電費）快速膨脹。

⊙ 庫存成本大幅上升。

在經濟上行的時候一切順利，當經濟下行時破產倒閉的企業俯拾皆是，很顯然的，這不是一個可靠的商業模式！

# 店面 vs. 網站

純電子商務以網站作為通路，完整商業流程都在網站上完成，一個網站 = 一家店面 = 一千家店面 = 全球開店面。網站所要付的是遠低於房租的伺服器及資訊流量費用，自動化的網頁接單更省掉人事費用，較大的支出在於初期系統建置的成本，這種模式非常適合擴張型企業，除此之外，電子商務與實體商務做比較還有以下優勢：

- 網站提供的服務是：隨時、隨地，只要能上網即能購物。

- 人手一支手機時代，商品訊息、服務、廣告都可以主動式的傳遞到消費者眼前。

- 客戶意見、回饋透過網路蒐集，數位自動化整理、統計，大大提高客戶管理的效率。

- 網路上價格透明，消費者透過詢價 APP，貨比 N 家不吃虧，更能增強消費意願。

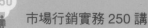
# 🔊 行動商務時代 → 買方的時代

所謂的貿易就是將多餘的物資搬運到缺乏的地方，賺取兩地之間商品的價差，舉例：高雄盛產香蕉一斤 3 元，台北不生產香蕉一斤可賣到 30 元，將香蕉由高雄運到台北來賣，可以賺到差價 30-3 = 27 元，很多人看到這種暴利，因此源源不斷將香蕉運往台北，台北的香蕉價格勢必一直往下掉，高雄的香蕉價格也會往上升，兩地之間的差價就逐漸減少。

上面案例的關鍵點在於資訊流通，當資訊發達之後，各地的價差縮小了，在行動商務時代，消費者透過行動裝置，隨時可以掌握全球商品訊息，在網路上沒有時間、空間的距離，因此差價、暴利也跟著消失了，消費者完全掌控消費自主權。

透過搜尋網站、比價 APP，消費者可以輕易地在網路上找到替代廠商、替代商品，由於物資缺乏或物資分佈不均，而由賣方掌控的市場結束了，資訊快速流通的今天，市場競爭激烈，廠商隨時配合市場供需情況而調整產能，全球化貿易跨國採購商品，快樂的消費者躺在沙發上，滑動手指快樂消費的時代來臨了！

## 🔊 通路轉移：10% → 90%

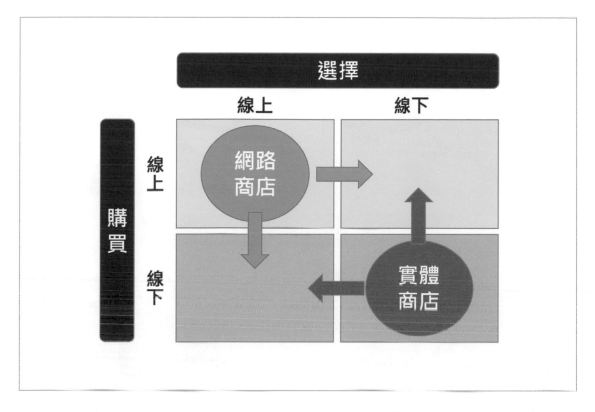

電子商務提供購物的便利與好處，但某些產業在實體商務中還是較佔優勢，例如：餐廳、旅館、服飾、⋯，再加上購物除了商品購買，還包含了休閒娛樂的成分，因此目前電子商務在美國也只佔 10% 的市場份額。

電商業者虎視眈眈看著 90% 的實體商務市場，並積極投入實體經營，實體業者感受到電商產業崛起的壓力也紛紛成立網路商城與以對抗，形成一個虛實整合 O2O 的商業模式。

O2O 模式將消費行為拆解為 2 個動作：選擇、購買，分別探討 2 個通路：網路、實體，產生 4 個象限，電商、實體業者的擴張策略分析如下：

| | |
|---|---|
| 電商業者 | 向右 → 提供展示中心供消費者做選擇 |
| | 向下 → 提供實體商店供消費者做購買 |
| 實體業者 | 向左 → 提供網站供消費者做選擇 |
| | 向上 → 提供網站供消費者做購買 |

# 企業內的通路衝突

O2O 虛實整合策略是目前通路發展的主流，但面對的挑戰也相當大，受限於財務報表，一般公司將業績達成視為首要任務，由於關係到個人薪資、獎金，因此部門、個人更將業績達成視為首要目標，那問題來了！請問「消費者門市選擇商品，卻到網上下單」業績歸誰？獎金誰領？

通路的改變對企業產生多方面的影響：績效評估方式、業績歸屬、薪資獎金計算、工作職掌變更、組織架構調整，在缺乏完整的配套措施下，貿然採取O2O 通路變革必然是一場災難。

新創電子商務企業原本就沒有實體店面，成立實體店面一般也偏向展示中心功能，因此業績歸屬問題影響不大，但對於傳統實體商務企業而言，卻是動搖國本的劇烈變化，目前在台灣的企業，電子商務部門與實體店面部門多半採取獨立經營，各自計算業績、獎金，並未進行實質整合，也就是僅達到Multi-Channel（多通路）的效果，進階的 Omni-Channel（全通路）、Unified-Commerce（整合商務）還有賴企業組織的變革。

# 商場 → 體驗中心

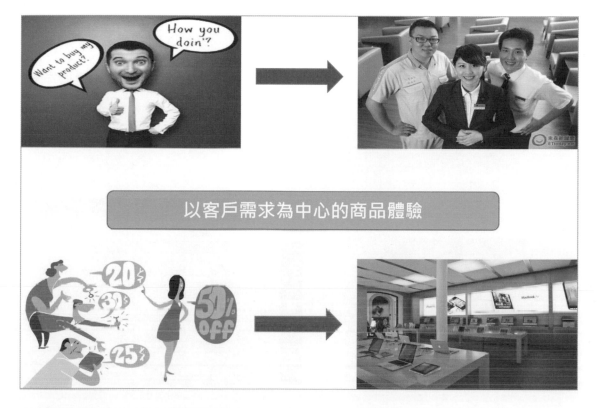

以客戶需求為中心的商品體驗

實體商店與展示中心差異比較如下表：

| 功能 | 實體商店 | 展示中心 |
|------|----------|----------|
| 作業方式 | 產品說明＋商品成交 | 產品說明 |
| 可服務來客數 | 少 | 多 |
| 人員類型 | 領業績獎金的業務人員 | 領固定薪資的解說員 |
| 績效指標 | 業績 | 服務人次、滿意度 |
| 商品庫存 | 完整備貨 | 僅供展示 |

展示中心因為不涉及販賣商品，因此省略了議價、填單、包裝的動作，每位服務人員可服務的來客數相對提高很多，展示中心也省下儲備大量庫存的空間，因此單點的服務績效也相對提高，若再搭配客戶關係管理系統，讓客戶在網路上做預約服務，更能大幅提升服務品質。

銷售自動化最大的優點在於價格公開、透明，可以為買、賣雙方省下大量的議價時間，因此「展示中心＋線上購買」的商業模式將會成為主流趨勢。

# 🔊 讓家成為入口

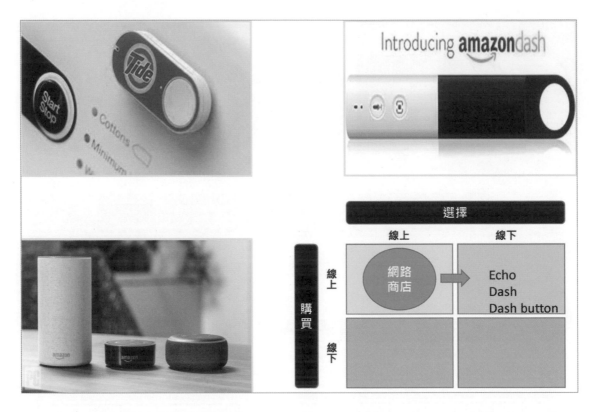

Amazon 是全球最大電子商務公司，也是最積極投入「客戶服務」的科技公司，以下 3 個科技創新將選擇通路由「線上」轉移到「線下」（家中）。

| | |
|---|---|
| Button | 固定採購的商品，如：洗衣精、衛生紙、…，每一個產品製作一個小按鈕，讓客戶將此按鈕貼在適當地方，例如：洗衣精按鈕貼在洗衣機上，洗衣精快用完了，按一下按鈕，按鈕便自動發出採購單。 |
| Dash | 長約 15 公分的塑膠棒，上方是麥克風，下方是條碼閱讀器，在家中想要購買某商品時，若此商品有條碼，就對此商品進行條碼掃描，若商品無條碼，例如：水果，對著麥克風說「蘋果」，就可發出訂單。 |
| Echo | 它是一個可以收音的喇叭，24 小時監控家中所有聲音，具有語音辨識功能，一旦偵測出聲音中包含關鍵字「Alexa」，就會解讀接續的語句，並轉換為指令，Alexa 就是一個超級家庭助理，可以回答天氣、交通問題，更可為你進行採購、餐廳預約，因為結合雲端資料庫及人工智慧，因此 Alexa 是個會越來越聰明的管家。 |

# 🔊 實體店面的變革：自動化

電話亭KTV的可能成功因子？失敗因子？

商店自動化由來已久，商業區、辦公區到處可見的自動販賣機算是第一代產品，提供的商品種類不多，唯一好處就是不需要售貨員，因此達到 2 個功效：節省人事費用、24 小時營業。隨著人事成本不斷提高，企業對於銷售自動化投資的力道也不斷加強，目前簡易型無人便利商店、電話亭自動 KTV 也全面進入市場接受消費者考驗。

Amazon Go 是亞馬遜花 4 年開發的無人商店系統，整個購物流程中，消費者只需在商店入口感應晶片卡，所有商品拿了就走（Go），商品自動感應、結帳，是目前較為成熟的無人商店系統，但目前尚在實驗階段，成功與否決定於兩個因素：

⊙ 系統的穩定性、準確性：這屬於技術問題，時間與資金的投入就可解決。

⊙ 消費者感受：便利性的提升、商品服務的多樣性、意外狀況的排除，這些都需要反覆的流程改進與技術提升。

## 🔊 成本管控 vs. 消費者利益

無人：降低經營成本

無人：降低加油費用

Cost Down是個假議題？

統一超商經過一年的試驗，於 2019/03/19 宣布暫停推廣無人商店計畫，專案團隊給的理由是：消費者偏好「有人商店」。

這顯然又是一個「失敗找藉口」的經典案例，企業推廣無人商店的動機為何？多半是以「降低人事成本」為主要訴求，但無人商店的好處消費者享受了嗎？全台灣 7-11 到處可見，實驗的無人 7-11 店附近就一定有正常版的7-11，消費者習慣有人店，自然就不會去無人店，所以 7-11 專案團隊就以結果論，為失敗的計畫找到合理的藉口。

台灣的加油站密度也很高，開始推行自助加油時，有人服務的車道排長龍，自助的車道小貓 2、3 隻，但漸漸地，自助車道的加油車變多了，又過一段時間，有些加油站改為完全自助式了，為什麼成功了？

無人式商店一開始勢必有消費者不習慣的適應期，對便利商店和加油站都是一致的，但加油站的配套措施是將省下的人事費，以降價的方式回饋給客戶，當消費者嘗試過自助流程並不複雜後，有降價作為誘因，自然就水到渠成！

# 真正的便利店：台灣 7-11

7-11 = 社區的好朋友

在台灣，7-11 就是便利店的代名詞，一開始是由美國引進的，當初的商業模式與現在的 7-11 完全不同，因為美國的生活環境與消費習慣與台灣差別太大，經過 20 年的變革，台灣 7-11 已經是全球最成功的便利商店。

Convenience Store 便利店在美國就是提供「便利」的簡易商店，多半出現在商業區或都會區街道，但台灣今天發展的情況卻是由都會區走入住宅社區，成為「你我的好鄰居」，商品的多樣性甚至超越 Supermarket 超商，包含：生鮮、蔬果、咖啡，除此之外，生活服務也進入 7-11，各種費用的繳交、包裹寄收、網路購物、提款機⋯，幾乎是無所不包了，完全融入社區居民生活。

作為好朋友除了談生意更得談「心」，做為社區的一員，7-11 在店內成立小小用餐區，方便客戶簡易用餐、等人，成立兒童閱讀區，鼓勵小朋友閱讀，甚至於提供社區小朋友下課後的臨時安置，讓無法及時被接回家的小朋友，不會在街上遊蕩產生危險，這是一個企業的社會責任，更是日後可能成為百年企業的重要因素。

# 🔊 網路賣書 → 電子書 → 實體書店

Amazon 是全球電子商務的代表,一開始就是單純在網路上賣「書」,因為書的品質不會因為通路的不同而有所差異,可降低消費者對於新興「網路購物」的不信任感。

書是一種資訊傳遞的產品,最適合數位化,一旦數位化就可在網路上呈現絕對的優勢,因此 Amazon 投入電子書的研發與推廣,目前 Amazon 的 kindle 同樣成為電子書的代名詞,所有的書商只能被迫成為追隨者。

在電子商務大獲全勝的 Amazon,更進一步將事業擴展至實體商務:

> 實體書店:販賣實體書、電子書閱讀器。

> 4-Star Store:販賣 Amazon 暢銷的 4 Star 商品。

> 生鮮超市:併購擁有 400 多家分店的 Whole Food 連鎖生鮮超市。

將通路由「線上」推至「線下」,充分發揮虛實整合的優勢!

# 🔊 服飾業：通路轉移

多數人買衣服、鞋子、飾品前都習慣試穿、體驗，因此要將服飾業的通路由「線下」轉移到「線上」有相當大的難度，不過，以下是 2 個成功的案例：

| | |
|---|---|
| ZOZOTOWN | 拍攝大量的試穿影片，讓消費者充分感受衣服的舒適性，並研發 ZOZOSUIT 電子衣，以免費方式寄送給客戶，穿上身即可精確量測身體各部分的尺寸，解決衣服採購時的尺碼問題，更為消費者建立個人資料庫，方便日後的消費與商品推廣。 |
| LE TOTE | 以月租的方式提供 Office Lady 參加宴會的禮服，消費者登錄個人資料及喜好後，當客戶提出租借預定後，就會收到 LE TOTE 寄來的服飾及配件供客戶選擇，如果非常喜歡，可以改為購買將衣服留下。 |

ZOZOTOWN 的成功在於降低網路購買服飾的體驗差異，而 LE TOTE 的成功在於提供 Office Lady「租衣」的選擇，並提供便利免費的退換服務！

## 眼鏡業：通路轉移

眼鏡包含 2 個產業面：醫學驗光、流行飾品。在美國，醫學驗光是需要專業執照、並嚴格執法監督的，因此配眼鏡前必須經過醫師或擁有專業證照人員的驗光，若從流行飾品的角度來看，在美國網路上販售眼鏡，就不必涉及「醫學驗光」。

WARBY PARKER 就是一家知名的網路眼鏡品牌，推出研發即時線上模擬系統 APP，讓消費者挑選喜愛的鏡框，然後透過手機進行擴充實境的模擬，滿意後下單，WARBY PARKER 就會將一系列的鏡框寄給消費者，消費者最後在家中進行實際體驗，留下最後的選擇商品，其餘的退回。

這是一個將商品做分離的案例：將眼鏡拆解為：鏡片 + 鏡架，鏡架的部分透過擴充實境技術可以達到不錯的線上體驗效果，再結合免費物流配送政策，就完美的將通路由網路轉移到家中。

## 🔊 家具業：通路轉移

隨著生活水準的提升，家具除了實用功能外，消費者更聚焦在空間美化的搭配，因此家具賣場逐漸演變為以展示為主的大型賣場，提供消費者整體搭配的場景，周末家人一同去逛 IKEA 也成為一種不錯的家庭休閒活動。

展場空間很大，搭配的家具非常多元，又經過設計師的巧思設計，每一套都美美的，但真的買回自己家中擺放又是另外一回事了：尺寸大小、顏色搭配、空間美感、…，積極的業者又找到商機了，以下是 2 個成功的案例：

| IKEA | 利用擴增實境技術，開發專屬手機 APP，讓消費者直接模擬家具擺入家中的場景，並且可以任意移動位置、旋轉，並提供 360 度視角。 |
|---|---|
| ROOM CO | 同樣使用擴增實境技術，功能比 IKEA 更先進，模擬的家具還可挑選不同的顏色、材質。 |

擴增實境技術應用在家具業，提供比實體賣場還真實的體驗，成功的將通路由「線下」轉移到「線上」。

## 食品業：通路轉移

在香港都能網購日本新鮮食品、生果！

生鮮食品業者都認為 Amazon 無法跨入生鮮超市產業，因為「新鮮」很難透過網路科技作體驗，不料，Amazon 收購了全美最大生鮮超市 Whole Food（超過 400 家門市），並提供線上購物專送到家及停車場提貨的服務，順利將通路由「線下」轉移到線上，消費者為何接受呢？

A. Whole Food 在美國是生鮮超市第一品牌，美國消費者相信它。

B. Amazon 的配送服務在美國有很棒的口碑。

C. 消費者相信 Amazon 處理客訴的態度。

D. Amazon 的 VIP 會員對於線上採購生鮮的接受度高，而且 VIP 會員群體夠大。

目前生鮮食品產業進軍網路族群，目標市場鎖定在高消費族群，這個族群有較高的收入與教育程度，對於企業品牌、食品認證的接受度高，而且願意為了健康付出較高的價格，因此目前這個成功的模式多在日本、美國、香港等先進地區、國家推行。

# 計程車業：通路轉移

傳統計程車的經營方式：計程車在街上遊蕩、消費者也在街上等空車，這種缺乏效率的商業模式只能在人口密集的都會區運作，但尖峰時間人叫不到車，離峰時間車等不到人，隨著無線通訊普及化，計程車裝設無線通訊設備後，消費者可以打電話透過服務台叫車，這才解決郊區叫車服務的難題。

IOT 物聯網時代，每一部提供服務的車輛、每一個叫車的消費者，他們的位置被精準定位，系統作最有效率的配對服務，消費者、計程車都透過手機 APP 叫車、接單，預計等候時間、預計車資、服務司機的顧客評量、…，資訊全部揭露在手機上，消費者可以預訂車輛，可以指定大小車型，最重要的一點，依照叫車服務的即時供需情況、服務費率作機動性調整，如此才真正解決尖峰、離峰的叫車供需問題。

IOT 物聯網技術 + GPS 全球定位系統，成為以 UBER 為首的計程車創新商業模式，所有閒置的「個人 + 車輛」都可投入營運，以共享經濟實質解決計程車服務供需問題，並將通路由「線下」轉移到「線上」。

## 餐飲業：通路轉移 -1

部分餐廳提供外賣服務，更有些餐廳提供外送服務，尤其是專門提供簡餐、便當、小吃、飲料的餐廳，每一家餐廳自行聘請送貨員，業務量不夠大的餐廳無法提供外送服務，即使提供服務，尖峰時間外送效率極差。

與上一節 UBER 運作方式大致相同，餐廳與消費者透過手機 APP 平台進行交易，一個配送員不再專屬於一家餐廳，所有的閒置人力都可投入市場，大幅度提升餐飲外送的服務效率。

當消費者的飲食通路由「線下」轉移到「線上」同時，房地產業也開始產生變化了，傳統餐廳講究「地點」，而且偏好一樓，因此都會區的店面租金昂貴，當通路轉移到「線上」的比例不斷提升之後，專營「線上」通路的餐廳就會增加，對於所謂的黃金店面需求就會下降。

另外，共享經濟逐漸發達的結果，人們上班的模式產生極大的改變，從被一家公司專屬雇用，改變為「分時」、「分眾」雇用，企業將非核心事業外包的人力資源策略也將更為全面。

## 🔊 餐飲業：通路轉移 -2

| Order ahead for same day pick-up | Save your favorites for easy reordering | Check out easier and faster than before |

餐飲業的通路革新除了上一節介紹外送服務外，也應用在外賣、內用服務上，因為某些餐點的美味程度與食品的新鮮度、溫度有強烈的連結，因此消費者還是會傾向前往實體店消費，但透過手機 APP 預先點餐，提供的效益有以下 3 種：

A. 預先點餐，然後再前往取餐，避免等候時間。

B. 透過手機點餐，消費者的個人喜好、用餐紀錄將被儲存，簡化每一次的點餐作業。

C. 直接線上扣款，縮短排隊付款時間。

新的商業模式是否會成功，關鍵點在於是否為消費者提供更佳的服務或提升滿意度，若單純出於企業的成本控管，是不可能成功的！記得，現在是買方的時代！

# 習題

( ) 1. Place（通路）就是消費者取得商品、服務的地方或管道，有關 Place，何者為非？

- (A) Amazon
- (B) PC Home
- (C) google
- (D) Yahoo

( ) 2. 下列何者非為移動式通路的優缺點？

- (A) 租金低或無須租金
- (B) 受天候影響大
- (C) 生意較為穩定
- (D) 活動範圍機動

( ) 3. 固定式營業據點的優點不包括：

- (A) 商品或服務的質量上較穩定
- (B) 店家與消費者的關係是可以累積的
- (C) 展示長期經營的決心
- (D) 無法為將來預作計畫

( ) 4. 有關獨立商店與購物中心商店的差別的敘述，何者有誤？

- (A) 傳統獨立商店管理事務非常繁雜
- (B) 購物中心提供賣場式經營，企業主只需專注於本業的經營
- (C) 傳統獨立商店常將保全、清潔、配送的等非核心工作外包
- (D) 購物中心的店家須配合賣場的整體行銷活動

( ) 5. 有關社區商店的敘述，何者有誤？

- (A) 在地居民生活的補給站
- (B) 實體商務時代，居民購物的入口
- (C) 電商時代，物流配銷中心
- (D) 通常位於交通樞紐中心

( ) 6. 專賣店的特色不包含：

- (A) 專賣某一類產品，對消費者提供多品牌的選擇
- (B) 店內廠商，對於商店內的行銷、銷售、服務沒有主控權
- (C) 提供商品主場優勢氛圍的建立
- (D) 為購物目標明確的消費者提供絕對的方便性

（　）7. 下列有關誠品書局的敘述何者正確？

    (A) 誠品書局是台灣最熱門的景點

    (B) 創立初期經歷 17 年虧損的慘澹經營

    (C) 把書當成一般商品來賣

    (D) 店內空間規劃及商品陳列講究「坪效」

（　）8. 有關誠品的經營策略敘述，何者有誤？

    (A) 鎖定高端消費族群

    (B) 店內的書禁止翻閱，常用膠膜封住

    (C) 為一家複合式商店

    (D) 誠品想賺的是日後的錢

（　）9. 連鎖經營的優點不包括：

    (A) 透過成功經驗複製可快速展店

    (B) 延續既有品牌商譽

    (C) 具有採購優勢

    (D) 每開一家分店，都是全新的挑戰

（　）10. 有關連鎖商店的敘述，下列何者錯誤？

    (A) 分為企業直營與授權經營

    (B) 加盟店成敗的關鍵因素：管理模式與獲利分配

    (C) 總公司對於連鎖店擁有經營權及管理權

    (D) 與總公司使用共同的品牌名稱、形象標誌與產品

（　）11. 下列何者非連鎖加盟店的陷阱？

    (A) 加盟地點的開放

    (B) 期滿的授權

    (C) 原料、設備、裝潢費用

    (D) 加盟契約書有 7 天審閱期

（　）12. 下列有關直銷 (Direct sales) 的敘述，何者錯誤？

    (A) 合法直銷根據分紅來源可分為單層次直銷與多層次直銷

    (B) 以 Amway( 安麗 ) 為例，目標消費市場定位在中低階層，

    (C) 原始構想是為了減少中間商的剝削，由製造商直接將產品賣給消費者，跳過：大盤商、中盤商、經銷商，如此消費者就可以較低的價格取得商品

    (D) 目前世界上大多數直銷公司均採用「多層次」的方式

( ) 13. 下列有關通路的敘述，何者正確？

    (A) 單一通路 (Single-Channel)：提供不同消費者不同消費渠道，不同渠道之間獨立經營

    (B) 全通路 (Omni-Channel)：消費者只有單一通路可以取得商品或服務

    (C) Unified-Commerce（整合商務）：從線上到線下，提供消費者整合性資訊與服務，達到深化客戶關係管理的目的

    (D) Multi-Channel（多通路）：消費者對於缺貨的商品，可透過店員調貨，取得商品

( ) 14. 亞馬遜 (Amazon) 成功的因素：

    (A) 降低成本，提高獲利

    (B) 降低成本，降低售價，擴大客群

    (C) 訂定業績目標，努力達成

    (D) 追求股東權益最大化

( ) 15. 下列敘述，何者正確？

    (A) 快速展店可為企業業績創造等比例成長

    (B) 業績成長，將可為企業創造獲利成長

    (C) 快速展店，可能造成庫存成本大幅提升

    (D) 快速展店，為企業獲利的保證

( ) 16. 下列何者非電子商務相對於實體商務的優勢：

    (A) 能上網即能購物

    (B) 商品或服務訊息可主動式的傳遞到消費者的眼前

    (C) 透過免費鑑賞期體驗商品

    (D) 提高顧客關係管理的效能

( ) 17. 下列有關行動商務的敘述，何者錯誤？

    (A) 購物沒有時間、空間的限制

    (B) 不必擔心買貴了，隨時可進行比價

    (C) 買方市場

    (D) 廠商提供什麼資訊，消費者接收什麼資訊

( ) 18. O2O，全名為 Online to Offline，是指將實體商務與電子商務做結合，透過網路無遠弗屆的力量尋找消費者，再藉由行銷活動或購買行為將消費者帶至實體通路。簡單來說，消費者在網上購買服務，在線下取得服務。請問下列何者非 O2O 的營運模式

(A) Airbnb      (B) 博客來

(C) 誠品書店      (D) Uber

(   ) 19. 通路的改變對企業產生多方面的影響：請問下列何者非？

(A) 績效評估方式      (B) 工作職掌變更

(C) 組織架構調整      (D) 商品陳列的方式

(   ) 20. 實體商店與展示中心差異不包含：

(A) 作業方式      (B) 服務人員的薪資結構

(C) 績效評估指標      (D) 顧客關係管理

(   ) 21. Amazon 是全球最大電子商務公司，下列何者非其所推出的「線上」轉移到「線下」的科技創新？

(A) Siri      (B) Button

(C) Dash      (D) Echo

(   ) 22. 無人商店所需克服的問題，不包含下列何項？

(A) 消費者的感受      (B) 便利性的提升

(C) 意外狀況的排除      (D) 人事成本的提升

(   ) 23. 統一超商經過一年的試驗，於 2019/03/19 宣布暫停推廣無人商店計畫，其理由為：

(A) 廣告行銷宣傳不夠

(B) 無法達成 cost down 的效果

(C) 消費者偏好「有人商店」

(D) 人潮太多，結帳太慢，造成消費者抱怨

(   ) 24. 台灣的便利商店發展情況由都會區走入住宅社區，成為「你我的好鄰居」，請問，下列何者非便利商店所提供的服務？

(A) 辦理保險      (B) 購票

(C) 快遞      (D) 繳費

(   ) 25. 在電子商務大獲全勝的 Amazon，更進一步將事業擴展至實體商務，將通路由「線上」推至「線下」，充分發揮虛實整合的優勢！請問，其所擴展的實體商務不包括下列哪一項？

(A) 實體書店      (B) 4-Star Store

(C) 生鮮超市      (D) 寵物商店

（　）26. 店家考慮到銷售通路由線下轉移到線上，常需克服的困境為：

(A) 消費者對實物具有不確定性 (EX：尺寸、質感 )

(B) 便利的退換貨服務

(C) 消費者對資安的疑慮

(D) 合作物流商的決定

（　）27. 眼鏡業：通路移轉 – 將通路由網路轉移到家中，案例中所採用的科技創新不包含：

(A) 即時線上模擬系統

(B) 透過手機進行虛擬實境 (VR)

(C) 利用擴增實境 (AR) 技術，開發專屬手機 APP，幫消費者驗光

(D) 顧客關係管理 CRM

（　）28. 家具業：通路移轉 – 將通路由「線下」轉移到「線上」，案例中所採用科技創新為：

(A) 無線射頻辨識 (RFID) 技術

(B) 透過手機進行擴充實境 (AR)

(C) 利用虛擬實境 (VR) 技術，開發專屬手機 APP

(D) 顧客關係管理 CRM

（　）29. 食品業：通路移轉 -「線下」轉移到「線上」：案例中，消費者願意接受的原因不包含：

(A) 被收購的超市為美國第一品牌，消費者相信它

(B) 良好的配送服務

(C) VIP 會員對線上採購生鮮的接受度高，且群體夠大

(D) 嚐鮮 + 促銷方案的推動

（　）30. 在共享經濟下，透過 IOT 物聯網技術 + GPS 全球定位系統將可對載客業者及消費者做最有效率的配對服務，有關其服務的效率敘述何者錯誤？

(A) 預計等候時間

(B) 透過 APP 叫車、接單

(C) 服務費率依即時供需機動調整

(D) 業者可隨時搶單，減少待客時間

( ) 31. 餐飲業：通路轉移 -「線下」轉移到「線上」，對市場造成的衝擊不包含：

(A) 配送員不在專屬於一家餐廳

(B) 配合消費者點餐的轉變 -「線上」，餐廳需多多聘請專屬送貨員

(C) 業務量小不再是無法提供外送的理由

(D) 黃金店面的需求下降

( ) 32. 餐飲業：通路轉移 -「線下」轉移到「線上」，對於餐點的美味程度與食品的新鮮度、溫度有強烈連結的商品，透過 APP 預先點餐的效益有：

(A) 預先點餐，避免等候時間

(B) 結合歷史消費紀錄，簡化每次的點餐作業

(C) 直接線上扣款，縮短排隊付款時間

(D) 以上皆是

市場行銷實務 250 講

# Promotion 促銷：
# 促銷活動、策略個案探討

Promotion 促銷，最通俗的說法就是「廣告」= 廣為告知，向消費者傳遞商品的資訊：功能、價格、優惠、…，隨著時代、科技的進步，促銷的工具、方法有不斷推陳出新，以下介紹幾種常用方式：

| | |
|---|---|
| 登廣告 | 電視、報紙、雜誌廣告，是最常見也是最古老的一種促銷方法，影響範圍最廣，但難以評估、追蹤成效。 |
| 營業員銷售 | 一對一、面對面服務、解說，效果最直接，但影響面最小。 |
| 促銷方案 | 最常見的活動如：周年慶、母親節特價、年終拍賣。 |
| 公共關係 | 通常用以建立品牌形象、企業形象，常見活動如：慈善捐款、公益活動、災難救助、獎學金、社區回饋。 |
| 直接行銷 | 透過郵件、電子訊息直接傳遞商品資訊給消費者。 |

注意！直銷（Direct Sale）與直接行銷（Direct Marketing）不同，直銷是面對面的銷售，也稱為無店鋪銷售。

# Leader vs. Follower

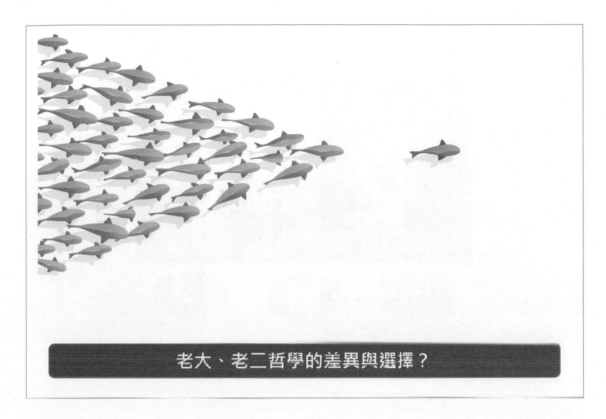

老大、老二哲學的差異與選擇？

在馬路上行走，途中會遇見許多人，但過後很少有留下印象的，我們就稱為路人甲、路人乙，但若是與美女擦肩而過，男性同胞多數會行注目禮，若一群男性同胞一起看見，等等甚至會成為討論話題，因此「顏值」很重要，而品牌就是商品的顏值，登廣告、辦活動就如同在街上行走，若無顏值就難有回頭率。

蘋果是 3C 產品的創新的指標、LV 是流行的領航者、可口可樂是碳酸飲料的代名詞，這些品牌都是數十年的不斷的投入與積累所產生的，有人不斷進行產品、技術研發，有人持續投入社會公益活動，有人大量投入廣告宣傳，方法很多種，但目的就只有一個：在消費者心中留下深深的印象。

建立品牌需要大量、持續的投入資源與時間，更擔負較高的風險，是一種相對長期性的經營策略，對短期財務報表只有費用的增加，並不會帶來明顯的收益，一旦享有品牌優勢，便可享受品牌溢價所帶來的甜美果實，從此將由薄利的紅海市場進入高毛利的藍海市場，這也是一般經理人每日「現實」與長遠「理想」的抉擇！

# 品牌價值 -1

咖啡是一種商品？

A. 買咖啡豆回家自己研磨自己泡　B. 到咖啡廳喝　A、B 有何不同？

Starbucks 行銷全世界，在中國出現大量的山寨品牌，有人說山寨產品會危害市場的公平交易，侵害品牌廠商的利益，是嗎？全球知名品牌產品無一不被仿冒，但結果卻是品牌越作越大，筆者的分析如下：

真的假不了、假的真不了：

如果仿冒品的品質與真品一致，那所謂的真品真該反省了，既然沒有品質優勢，那就不該享有品牌優勢！更沒有權利指控他人仿冒。

有錢的幫個錢場、沒錢的幫個人場：

以行銷的角度而言，山寨商品的存在，對品牌商品起了極大行銷效果，30 年前台灣人窮買不起軟體，微軟產品在台灣校園中橫行，大補帖熱賣，今天台灣所得大幅提高，所有學校、機關、企業，全部乖乖付費，微軟就成了唯一的品牌，這就是放長線釣大魚！

# 🔊 品牌價值 -2

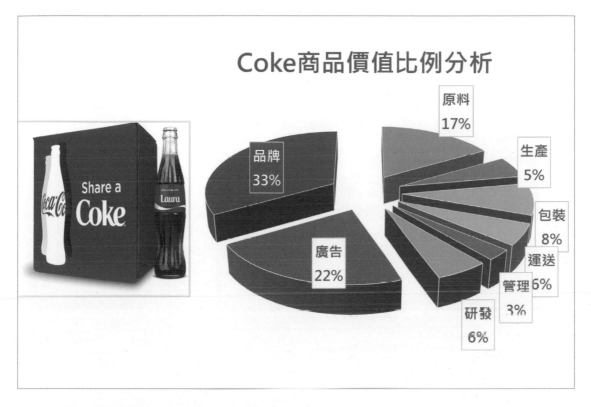

Coke 這個字是可樂也是可口可樂的商標，自 1886 年商品上市以來，可口可樂就雄霸碳酸飲料市場，全球觀光景點、偏鄉、餐廳、雜貨店都可以買到它，儘管它是美國商品，卻伴隨每一個人的成長過程，培養出親人的情感，品牌深植人心！

台灣諺語：「第一賣冰，第二作醫生」，說的是：賣飲料是一種暴利產業！

Coke = 砂糖 + 水 + 氣

請仔細看看上圖的 Coke 商品價值分析圖，品牌價值位居第一占比 33%，廣告價值第二位占比 22%，而品牌很大比率又是廣告長期堆積出來的，這就可以解釋，為什麼全球各大運動賽事、都會區大型 LED 螢幕、鄉下路邊看板，都不時出現 Coke 的廣告。

Coke、Starbucks 買的都是一種文化、格調、氛圍，是長期孕育出來的品牌形象，技術可以竊取、商品可以複製，品牌卻是一種靈魂，是無法山寨的！

## 🔊 品牌價值 -3

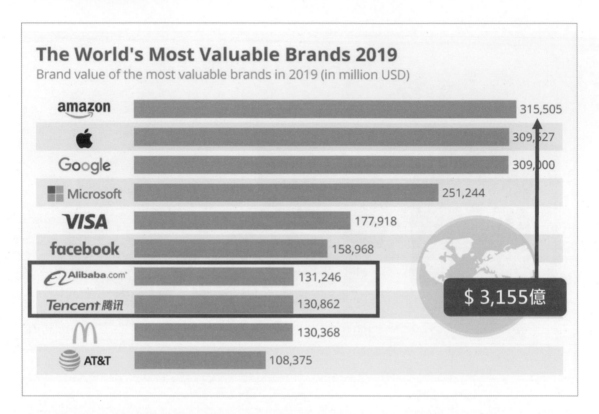

品牌價值只是直觀的感受嗎？許多市調公司每一年都會提出全球知名公司市值評估表，作為全球金融機構、投資機構、投資人的商業決策參考，上圖就是 2019 年 Brands 全球品牌價值 100 排名，觀察如下：

- Amazon 由電商崛起，以科技創新攻城掠地，榮登全球品牌價值第一。

- 前六名全部由美國企業包辦，可見美國企業的行銷能力獨步全球。

- 中國的阿里巴巴、騰訊分列 7、8 名，揭示著中國崛起。

阿里巴巴與 Amazon 算是業務性質相近的競爭對手，兩家公司也都全球布局，阿里巴巴明顯受益於中國 14 億龐大人口的優勢，Amazon 的品牌價值卻依然高出阿里巴巴甚多，事實上 Amazon 的營業額雖然是阿里巴巴的 2 倍，但獲利卻只有阿里巴巴的 1/2，但市場給予 Amazon 的市值認定卻是阿里巴巴的 2 倍，筆者認為這就是東方企業與西方企業價值觀的差異，在於以下的幾個議題的抉擇：短期 vs. 長期、績效 vs. 願景、獲利 vs. 客戶滿意度。

# 重新定位：TOYOTA → LEXUS

省油的日本小車
⬇
品質的TOYOTA
⬇
窮人的TOYOTA

高
中
低

豐田汽車是全球規模最大的車廠，TOYOTA 是全球銷售量最大品牌，標榜：經濟實惠、服務第一，但這個品牌深植消費者的概念就是低價，是一部性價比很高的車，卻不是：好車、高性能車、高貴的車；相反的，雙 B（BENZ、BMW）就是高級車的代表。

早期 TOYOTA 切入市場的策略是正確的，小車、省油車對抗美國大車，經過兩次能源危機，小車、省油車獲得消費者青睞，豐田成為全球第一大車廠，但窮人車的印記卻成了長久發展致命障礙。

代表 TOYOTA 的賽車團隊，在全球賽車場上成績耀眼，但技術上的突破並不足以改變消費者根深蒂固的認知，因此豐田汽車成立另一個品牌：LEXUS，以新的品牌進入中、高階市場，不但品牌是新的，連展示中心都與 TOYOTA 完全分開，業務員獨立運作，這是要徹底斬斷與 TOYOTA 低價形象的關聯。

# 📢 以公益為名的成功行銷：TOMS

在先進國家 行善 是一種主流價值

當未開發國家經過快速經濟發展，進入開發中國家時，一部份人先富起來了，這時有一個社會特徵會顯現出來：炫富！當國家經過長期的經濟成長，社會福利健全，進入已開發國家後，基本上窮人變少了，即使是窮也是三餐溫飽，這時，有一種主流價值會孕育而生：行善！

當行善是一種主流價值時，公益活動就是最棒的行銷活動，知名藝人、運動員擔任聯合國慈善大使，到落後國家、災區慰問展現人道關懷，企業舉辦名人募款活動，社會賢達成立愛滋病研究基金，這些都是已開發國家常見的社會活動，在這樣的社會中，炫富相形之下變成了「土包子」！

TOMS 是美國一個時尚休閒鞋的品牌，所謂休閒代表的就是：有錢、有閒，TOMS 推出最具代表性的企業形象廣告：「你買一雙鞋，我捐一雙鞋」，將鞋子捐贈給非洲無鞋可穿的窮困學童，消費者在滿足消費欲望的同時，成就公益善行，何樂而不為，這就應該是富而好禮的雙贏策略！

# 三星手機爆炸的影響？

開發中國家的媒體常會出現一個名詞：「彎道超車」，表示透過捷徑超越先進國家的技術，捷徑真的存在嗎？那些致力於基礎研究的人不就是呆子！很不幸的，多數人相信捷徑的存在，而且自己就是那個唯一發現捷徑的人！

三星手機雖然全球市佔率第一，但在品牌、技術上卻是落後蘋果，在獲利表現上自然是遠遠不如蘋果，三星為了扳回一城，企圖在手機續航力上超越蘋果，採取彎道超車的策略，大幅提高手機電池的容量密度，最後發生了手機爆炸事件，這就叫做鋌而走險！三星企業形象受損、品牌掉漆，手機被迫全球回收，更有航空公司直接公告：「三星手機不可以攜帶登機！」。

只有三星研發團隊天賦異稟、資質過人，是唯一掌握高密度電池技術的公司嗎？筆者認為答案是否定的！蘋果當然也掌握相關技術，但經過評估後認為：「當前的生產、品管技術無法保證產品的安全性」，因此放棄此技術。

品牌是不斷的積累，更是不斷呵護所建立的，投機、躁進都是企業發展的不定時炸彈！更不是永續經營該有的態度！

## 台灣廠商的品牌之路

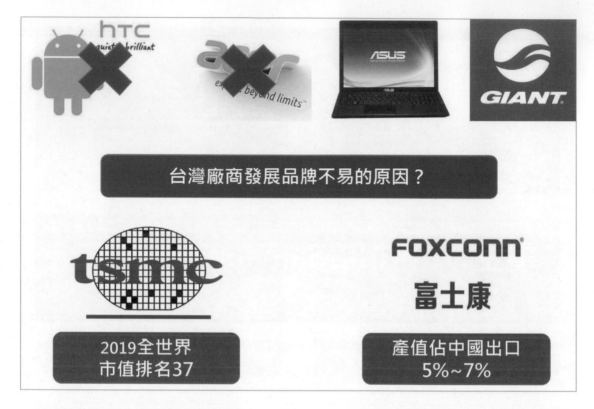

台灣在製造業一直有不錯的表現，Made in Taiwan 的標誌曾經出現在全球各個角落，近年來由於環保意識抬頭、工人薪資高漲、產業升級失敗，因此許多廠商將工廠遷移至中國，但多數大廠還是將研發根留台灣。

台灣的發展強項在製造端，對於設計、研發、行銷都遠遠落後歐、美、日等先進國家，原因很簡單，台灣的教育著重於演算，偏重：數、理、化，輕忽美學、文化、創作，因此只能培養出優秀工程人才，家庭、社會教育更將個人利益置於團體利益之上，缺乏團隊概念，更沒有知識分享的胸襟，個人英雄主義掛帥的情況下，產業發展、整合自然受到極大的限制。

價值鏈：創新 → 設計 → 研發 → 製造，台灣的產業發展落在最底層附加價值低的「製造」，努力投入研發後，台灣製造大廠也由 OEM（代工生產）升級至 ODM（原廠委託設計），但在近一步跨入 OBM（建立品牌）時，多數廠商全軍覆沒，例如：Acer 宏碁電腦、hTC 宏達電；而 Giant 捷安特、Asus 華碩算是台灣可以加入全球競賽的少數品牌廠。

## 🔊 Package：銷售方案

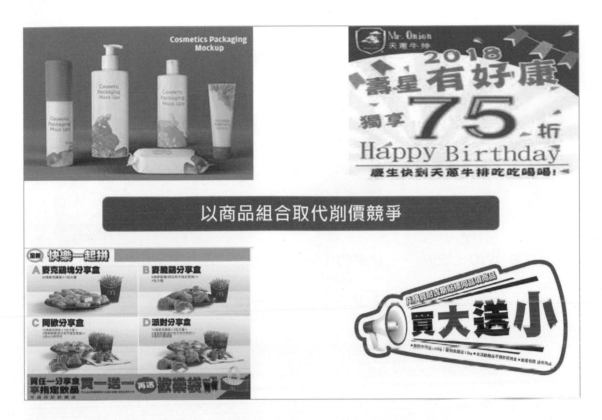

單一商品很容易比價格、比規格，往往形成殺價競爭的紅海市場，但若將相關產品組成一個套件，例如：化妝品禮盒，包含：乳液、卸妝水、…，這樣就可以產生兩個效果：A. 顧客難以比價、B. 客單價提高，因此商品組合的促銷方案目前成為一種主流的銷售策略。

商品可以作組合，商品也可以搭配服務作組合，例如：買電腦送 2 年免費維修外加到府服務，這樣的組合就可將消費者的層次，由庶民提升至中產階級，消費者專注的不再是價格，而是服務內容與取得服務的便利性，以及廠商讓利的滿足感。

促銷方案的設計，需要專案成員對：市場動態、消費者需求、產業競爭，都有充分的掌握，才能設計出具體可行的方案，更需要大膽創新的精神，才能深深打動消費者的心，這些都必須仰賴經驗的累積。近年來多數大專系所都將「職場實習」列為畢業門檻，就是希望教師、學生都走出校園的象牙塔，真正為產業培養可用的人才。

# 🔊 Amazon 會員方案

成年人在生活上每天面對的：人、事、物，超過 95% 是重複的，只有少數人是生活在劇烈變化的環境中，因為一般人習慣：住在熟悉的環境、接觸認識的人、執行日常的工作。

消費者購買商品時也大多找熟人買，或買熟悉的商品，對於不熟的廠牌或產品，需要花時間測試，並承擔風險，因此廠商開發新客戶的成本偏高，故有這麼一個數據：

⊙ 開發一位新客戶的成本是留住一位舊客戶的 5 倍。

消費者對於信任的品牌或產品，在選擇商品時大多列為第一優先，因此，舊客戶對於廠商的貢獻度較大，也有這麼一個數據：

⊙ 80% 的業績來自於前 20% 的客戶。

因此各企業相繼投入「客戶關係管理」系統的建置，加強客戶社群的經營，並針對 VIP 的會員提供專屬優惠，以增加客戶的忠誠度。

## 🔊 節慶活動

為消費者營造：非買不可的購物機會

購買商品分成 2 個層次：功能需求、心理需求。因為要保護腳所以買一雙布鞋，這是功能需求；因為上班所以再買一雙皮鞋，也可勉強視為功能需求；因為運動需要再買一雙運動鞋，這還是功能需求嗎？各位讀者你只有 3 雙鞋嗎？有時到朋友家拜訪，進門前看到隔壁門口鞋櫃內、外都一堆鞋子，隔壁的小公寓住了 3 代同堂嗎？顯然是每一個人的鞋子太多了，因此筆者認為當前生活水準下，多數的購物是基於心理需求的滿足。

既然是心理需求就跟功能需求無關，而是要找到讓消費者心動、產生購物衝動的因子：好漂亮、好便宜、好萌、好好吃、好划算、…，管它需要不需要，買了再說，買了也不曾用過，沒關係啦！買的爽就 OK 了，這是多數購物控的真實描述！

百貨公司週年慶、中國光棍節、美國 Black Friday，都是以超優折扣吸引消費者瘋狂購物的行銷方案，送禮也好、自用也罷，反正就是找到一個讓自己滿足瘋狂購物的機會！

## 📢 公益活動

為環保、行善、公益：一切都是值得的

經濟發展的過程中，消費者的需求逐漸由「量」轉變為「質」，再由「實體」滿足轉化為「心靈」的滿足，因此行銷的訴求也產生變化，逐漸由產品的效能轉變到：時尚、公益，享受消費快感的同時，又贏得行善的美名，是名符其實的 Win-Win，廠商、消費者都獲利。

什麼是公益彩券？本質就是賭博，政府公開支持的賭博，因此必須包裝美化，而「公益」就是最好的護身符，提撥彩券收益一定比例捐助社會弱勢團體，就這樣，賭博合法化，並冠上「公益」之名！

隨便亂花錢會被扣上：浪費、奢侈、敗家、…等等不雅的名號，但若花錢的名目是公益、環保、行善，那得到的封號就整個給它不一樣了：善良、有氣質、可愛、天使、…等等，因此以公益為名的各項行銷活動處處可見。

# 🔊 名人代言

什麼是好東西？你喜歡 A？A 就是好東西！技術人員、工程人員喜歡比規格、比數據，這種冷冰冰東西一般消費者不懂，又如何打動他們的心？

中國演員胡歌每一部戲都熱賣，是超級當紅男神，CHANEL 找胡歌代言，在粉絲們愛屋及烏的心態下，胡歌使用的、代言的一定是好東西，「胡歌穿的那件西裝好帥喔！」，這就是明星代言的效果。

除了明星是行銷寵兒外，各國第一家庭、皇室成員的裝扮、服裝，更是八卦、時尚雜誌永遠的熱門話題：已故英國黛安娜王妃、前美國第一夫人蜜雪兒、美國總統女兒伊凡卡，她們的髮型、裙子、外套、…，隨時造成風潮，帶動相關商品熱銷。

幻想是最美的，尤其是消費者自身受到各種限制無法達成時，名人幫你實現了，隨著生活水平不斷的提升，消費者心靈的滿足逐漸成為行銷的重點。

# 提升用戶體驗

自製T恤的UT工廠

UNIQLO 智能買手

新品訊息　穿搭推薦
優惠折扣　互動體驗

在商場中購物，有售貨員過來招呼、詢問，有人感覺溫馨、有人感覺壓力大，但隨著人事薪資不斷提高，政府勞動法規限制不斷提升，以自動化來取代人員服務已成為服務產業的發展趨勢。

UNIQLO 推出了智能買手，它是一部大屏幕智能機器，提供：賣場導覽、商品搜尋、穿搭建議、優惠折扣、…，等功能，這是一個用來取代賣場服務人員的裝置，目前仍在導入實驗階段，但隨著系統不斷進化，消費者接受不斷提升，購物商場全面自動化只是時間的問題。

UNIQLO 在推行商場自動化的同時，更貼心地推出「自製T恤」的活動，講究時尚的人，最忌諱與別人撞衫，最簡單的方法就是改變衣服上的圖案或顏色，在 UNIQLO 的門市消費者選擇空白 T 恤類型後，可透過門市提供平板電腦挑選、創作自己專屬的圖案，當場印製在空白 T 恤上，這樣的商品 DIY 大大滿足消費者創意發揮的自我滿足感，這也是利用實體通路增進客戶關係的最佳方案。

# 置入性行銷：金龜車

看電視、看電影、看球賽，一段時間就被強迫中斷一次，因為要播放廣告，觀眾也利用廣告跑去上廁所，因此廣告效果大打折扣，聰明的行銷人員就想著：「如果將廣告融入電影劇情中⋯」，那觀眾就跑不掉了、無意識地接收了廣告訊息！

福斯金龜車（Volkswagen Beetle）是希特勒執政時所發展的小型國民車，在1938~2003 年間共生產超過 2 千萬輛，是全球史上各款汽車中的最暢銷車。

金龜車的成功可以歸功於以下 2 個因素：

⊙ 20 世紀 60 年代嬉皮風盛行，代表人物為披頭四樂團（Beatles），金龜的英文發音 Beetle 與披頭四樂團 Beatles 發音十分相似。

⊙ 福斯汽車與迪士尼公司合作，於 1968 年拍攝經典冒險喜劇電影「萬能金龜車」，主角就是福斯汽車的金龜車，從此深植人心，也成為置入性行銷的始祖。

# 置入性行銷

廣告與劇情無縫接軌，想忘都難

觀看電影、電視劇已成為人們主要的休閒方式之一，因此行銷人員偏好在電影及電視劇中進行置入性行銷，以下是筆者挑選的 4 個經典案例，但效果如何有待各位讀者自行判斷：

| | |
|---|---|
| BMW 汽車 | BMW 是高級車的主流品牌之一，007 系列 26 部電影中第一男配角永遠是 BMW 新型車，在主角危難時，利用優越性能及高科技裝備救援男主角。 |
| Apple 電腦 | 電影、電視劇情中，時常出現使用電腦的場景，Apple 的標誌也不經意的映入觀眾眼中，讓人想不看到都不行。 |
| Wilson 運動 | 在電影「浩劫重生」中，Wilson 是一顆排球，與主角湯姆漢克在無人島上對話的第二男主角，Wilson 就是知名運動品牌。 |
| 東阿阿膠 | 陸劇「甄嬛傳」風靡華人圈，更是茶餘飯後的熱門話題，劇中「東阿阿膠」不斷出現在各個嬪妃的對話中，簡直是魔音傳腦，想不知道都很難！ |

## 📢 節目冠名

經年累月，滴水穿石

另一種更粗暴的置入性行銷就是：「冠名播出」！

一個節目由開始到結束，冠名廠商的 LOGO 不間斷地出現在螢幕上，品牌名稱不停地由節目主持人說出，觀眾不可能藉由尿遁躲開廣告，一季節目下來，每天或每週接受品牌洗腦，廣告商想達到的就是「滴水穿石」的效果。

筆者主觀認為這是一種：不用功、粗暴、財大氣粗的廣告模式，用在日常用品、針對大媽大嬸或許有不錯的效果，但對於高端品牌卻可能帶來負面效果，這種廣告模式筆者最先是在中國綜藝節目上看到，後來在台灣的節目上也出現了，不過目前在美國、日本等先進國家似乎還沒看到類似的廣告模式。

# 飢餓行銷

諺語:「妻不如妾、妾不如偷、偷不如偷不著」,這是描述一般男性追求異性的心理層次,也有人歸納一種說法:「別人的老婆最漂亮」。

這個道理同樣適用於消費者,饑餓感讓人覺得食物變好吃了,因此排隊的餐廳最好吃、限量商品最珍貴。舉例來說,小米的飢餓行銷企劃如下:

- ⟫ 以產品發佈會推出:超低價格,超高性價比商品,吸引消費者眼球。

- ⟫ 限量發行,網路造勢,造成秒殺搶購熱潮。

- ⟫ 炒作第一波商品完購新聞,讓多數觀望的消費者覺得惋惜。

- ⟫ 悄悄地在各大通路提供商品,進行第二、三波商品促銷。

飢餓行銷只能算是一種奇襲戰術,偶而為之讓消費者有新鮮感,但小米在行銷策略成功之後,卻是樂此不疲,漸漸失去市場的信任,反正過幾天再買就有了!

## 📢 專榮獨享：限量發行

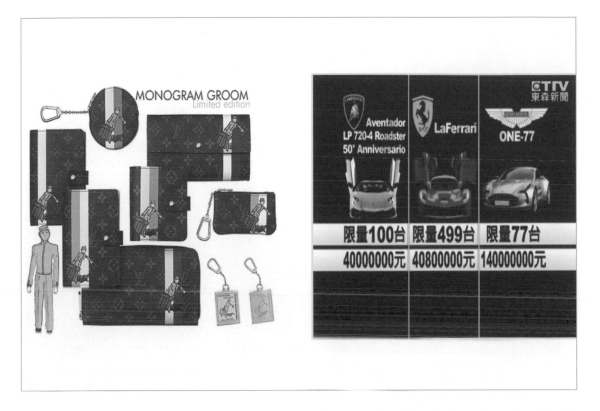

有一些品牌定位在高階市場，更有一些商品只鎖定頂級客戶，真正達到物以稀為貴的境界：限量發行，它與飢餓行銷不同，限量發行商品讓庶民只能一輩子仰望、嘆息，讓富豪成就收集的嗜好！

限量發行有兩個不同層次，舉例如下：

| | |
|---|---|
| 超級跑車 | 限量款動輒上億，純手工打造，尊榮無比，只有超級富豪可以擁有，因為單價高過天，因此限量發行一樣可以維持企業營收與利潤。 |
| 貴婦包包 | 一個女用手提限量包，單價雖高至上百萬，一般高薪階級咬咬牙也買得起。這種單品限量包不足以維持企業營運，因此主要的作用在於造成話題，抬高品牌價值、定位，此品牌的正常商品才是銷售的主力產品。 |

記得！有錢人還分不同的檔次！

# 尊榮獨享：VIP 封館派對

最近報章雜誌又炒熱一個名詞：「貴婦名媛」，經常參與上流社會奢華 Party 的一群女性同胞，目前有老公的稱為貴婦，尚無老公的稱為名媛，參加高級的社交聚會當然得盛裝打扮，因此這群人也是時尚高檔商品的主力消費群，有些名媛、貴婦甚至成為時尚的代言人，隨時出現在時尚、八卦雜誌的封面上。

英語有一句話：「Best of the best.」，有錢人有分為好幾個等級，哪一種是真有錢呢？信義商圈第二大百貨集團微風旗下信義店 2019/08/23 日進行封館之夜，微風狂撒 8 萬張邀請卡，初估約有 2 萬多位貴賓掃貨，估計一夜營業額上看 4.5 億元。

封館派對邀請名單從哪裡來呢？信用卡公司就是名單主要提供者，根據日常消費紀錄即可篩選出廠商所要的消費群。近年來網路社群發達，個人資料更是完全攤開在網路上，例如：Google、FB、Amazon…這些網路經營者都牢牢掌握消費者資料，更成為網路廣告收入的前三大廠商。

## 🔊 電視購物

家庭主婦每日在家必須處理許多家務，職業婦女到了周末更有忙不完的家事，做家事的時候如果可以一邊看著電視，就會覺得輕鬆許多，若看的是購物頻道那就一點都不累了，一邊做家事一邊享受購物樂趣，兩不耽誤。

電視購物節目有兩個極大的優勢：

A. 主持人流利的口條、誇張的肢體動作：絕對輾壓實體店的售貨員口才。

B. 現場操作、模特兒展示：比被動式的網路購物更能激起消費的熱情。

電視購物一般進行的程序如下：

A. 價格聳動：吸引消費者注意，產生心動感覺。

B. 產品展示：廠商流利的商品使用示範，或模特兒優美的商品展示，讓消費者產生臨場體驗的感覺。

C. 飢餓行銷：限時優惠再加碼，並在螢幕上顯示熱銷狀況，讓消費者產生不買可惜的購物衝動。

雖然購物有 7 天鑑賞期，但有多少比例的衝動消費者會退貨呢？

# 📢 口碑 → 網路行銷：牛肉麵

一般人買屋或租店面，都會強調：「Location、Location、Location」，意思是說：「地點是最重要的」，但黃金店面的房價更是驚人，因此有些商家生意看似火紅卻都倒閉收場，因為錢全部被房東賺走了。

另有一句諺語：「酒香不怕巷子深」，台灣的牛肉麵是國民飲食，擁有龐大的消費族群，一碗牛肉麵的價格由幾十塊到數百元不等，豪華飯店、餐廳、路邊攤、學生餐廳都有，深入庶民的生活中。

上圖中的 4 家牛肉麵店都不屬於相對的黃金地點，但連平日都經常大排長龍，其中還有很多是外地客特別搭車前來，一開始是街坊鄰居的社區生意，靠的是口耳相傳，到了網路時代，「社區」那可就無邊無際了。筆者到宜蘭出差，Google 一下：「宜蘭出名牛肉麵」，網路推薦、網民票選的都出現了，交通不是問題，地點更不是問題，到了現場，請問您希望排隊的人是多還是少？頂著大太陽排隊時，你回頭一看，後面排了一長串，你爽還是不爽？餐廳、飯店的打卡活動已成為最實際的行銷活動。

# 🔊 口碑 → 網路行銷：伴手禮

1949 年政府由中國撤退到台灣，38 省的人口在這塊小小的地方產生大融合，各地的菜色更在台灣百家爭鳴，由於百年的戰亂，因此人人信奉「民以食為天」的真理，儘管台灣有各方面的不足：交通不便利、自然景觀不雄偉、公共場所不清潔、人民素質不夠高、…、氣候不好，但飲食文化絕對是領先全球！

台灣人好禮，拜訪親友、遠遊回家、出差回國、…，都習慣帶些伴手禮，除了菸酒之外，糕餅類小點心算是最經濟實惠的，而近年來鳳梨酥就榮登台灣伴手禮首選。

佳德、犁記、微熱山丘大約是鳳梨酥銷售排名榜前三名，顧客的大宗來自以下 3 個族群：日本觀光客、中國觀光客、準備出國的台灣旅客，這個社群效果更超越牛肉麵的區域社群，直接進入全球化社群，台灣著名商家的網頁也都進行多語系的國際化調整，筆者認為，全球化、地球村的生活模式已悄悄地融入你我的生活。

##  創造需求：民俗行銷

賈伯斯被譽為當代最有創意的企業家，Apple 的新產品一推出總是驚艷整個市場：外型的創新、應用的創新、技術的創新，引領整個消費市場的方向，舉一個例子：筆者小學一年級時，手錶是很珍貴的，都是機械式的；到了高中，電子錶出現了，很炫又便宜，幾乎人手一支；當手機出現後，戴手錶的人變少了，因為手機就具備計時功能，Apple 推出的 Apple-Watch，賦予手錶新生命，利用體感裝置記錄身體資訊，結合雲端醫療，手錶重生了，並有了新的名字：穿戴裝置。

中國 5000 年歷史也包含了經典的商務創新，「拜拜」就是最成功而且歷久不衰的行銷手法，當景氣不好時，生意清淡客戶不上門，怎麼辦呢？聰明又閒閒沒事幹的商人，就想著：「如何讓大家來消費呢？」，因此，敬神、敬鬼、敬祖先的戲碼就一一創造出來，拜越多保佑越多，過年過節家家戶戶穿新衣戴新帽、大魚大肉將經濟帶到最高潮。在行動商務時代，民俗結合科技創新，推出了：網路點光明燈、網路先人牌位、燒電子金條，科技進步讓人類更感到心靈的空虛，宗教、民俗必將與時俱進。

## 🔊 創造議題

「運動有助身心健康」幾乎是所有人的共識，因此在經濟發達國家，運動相關產業必定蓬勃發展，因為「有錢就怕死」是不變的真理！

所有醫生都建議：「適量運動有益健康」，請看以下分析：

⊗ 何謂適量呢？　　　　　　各醫學單位紛紛推出各式各樣的量表。

⊗ 哪一種運動最方便有效呢？　專家建議：「走路是最方便健康的」

有 Sense 的商人就會立刻嗅到商機，生產一種體積很小、重量又輕的計步器，方便隨身攜帶，用來量測走路的步數、距離，但這樣的廠商還無法發大財，因為一般人帶著手錶或手機計時，每天健步 30 分鐘即可，沒有必要一定得用計步器，因此更厲害的行銷手法出現了，請專家發表醫學研究：「每日一萬步，健康有保固」，並搭配媒體、官方（健保局）宣傳，如此一來，計步器成功的取代手錶，成為專業醫療輔助工具，各位讀者你發現了嗎？設計 → 製造 → 行銷，誰真正發大財？

# 🔊 會展行銷

「市集」就是將一群人、一堆物集合起來以方便交易，人越多、物越多，生意越好做，搞行銷也是同樣的概念，將所有廠商集中起來做宣傳、促銷，規模越大，效益越高。

常有人說：「同行相忌」，因為彼此競爭，但對於整個產業來說，良性競爭產生差異化、創新，對於市場、消費者都是正面的利益，因此一直以來就有所謂的：家具街、金融區、小吃街、…，這都是同行「聚市」的現象，主要目的就是：「將餅做大」。

會展行銷就是相同的概念，由公會、商會組織所有商家，進行有組織、有規模的共同行銷，提供消費者、採購商一站購足的便利性，目前的運作除了「展覽」功能外，更是各廠家拚業績的「大賣場」，對於整個產業的買氣有很大的提升效果。

目前旅遊展、家具展、美食展、珠寶展都受到消費者的熱烈反應，也成為都會居民的休閒活動之一。

## 🔊 城市整合觀光行銷

美食展、旅遊展對於觀光產業發展的助益有侷限性，舉例來說：某家餐廳食物很鮮美，某家飯店服務很棒、…，並不代表整個旅程是愉快的，去過日本、新加坡旅遊的人就會有深刻的感覺，台灣的觀光資源絕對遠遠優於這兩個國家，但由於政府缺乏：環境的規劃管理、交通的整合、商業秩序的維持，因此整體的觀光品質是低落的。

以南台灣的墾丁而言，具備一切海島旅遊的自然生態與景觀，但在地商家無組織、無紀律，在地政府無規劃、無整合的放任下，坑殺消費者、交通不便、環境骯髒、落海失蹤的事情層出不窮，嚴重影響地方產業發展。

相對的，北部 3 城市：台北市、新北市、基隆市，卻通力合作整合出「北北基一日生活圈」，由最基礎的交通系統整合做起，整合觀光資源與行程，推出各式各樣整合套裝行程，進行優質完善的規劃，為國人及國外旅客提供優質與方便的旅遊經驗，當然這也是民主國家發展的進程，各級政府單位應逐漸轉型為「服務」業。

# Slogan 行銷

行銷活動進行中，如何能夠讓人記憶深刻呢？可能是簡單容易記住的：一句話、一個詞、一首歌、吉祥物、標誌、…，這樣的東西讓活動意涵更容易傳播出去、打動人心，以下就介紹 4 個國內外成功的行銷 Slogan（品牌口號）：

| We Want You! | 第一次世界大戰期間，美軍徵兵海報上的口號，配合海報上 Uncle Sam 美國政府的化身，淺顯易懂、朗朗上口。 |
| --- | --- |
| Just Do It. | 這句話充分體現年輕人對於運動的體認，更進一步鼓勵年輕人對於人生的追求，巧妙地體現出 Nike 的品牌精神。 |
| Think Different. | Apple 就是創新的代名詞，鼓勵創新正是蘋果公司帶給所有消費者的感受。 |
| i'm lovin' it | 麥當勞是一個結合社區生活的企業，全家人用餐、派對歡樂的好地方，歡樂、溫馨正是麥當勞的品牌訴求。 |

# 🔊 討論：SLOGAN

選出你認為最棒的SLOGAN

設計 SLOGAN 是行銷活動中重要的一環，好的 SLOGAN 讓人印象深刻、朗朗上口，對於活動的推廣有畫龍點睛之效果，上面是 9 個全球知名的產業代表企業，他們目前都有非常不錯的 SLOGAN，請你挑出其中一家公司，並找出目前台灣的對應企業，再幫此企業設計一個中文或英文的 SLOGAN。

# 🔊 寫手門行銷

孫子兵法：「知己知彼，百戰不殆」，在商場競爭中一樣得做到知己知彼，才能避免失敗的危險，以下就介紹目前慣用的負面行銷手法，筆者認為，犯法的事不可以做，卻必須知道甚至必須了解，才能趨吉避凶遇事不亂。

手機市場競爭激烈，隨時都有新機發表，一般公司都會舉辦產品發布會，讓消費者了解產品的功能與特性，另外還會以經費贊助的方式找一些網路評論家，在產品試用經驗分享中加入個人好評，這些都是屬於合法範圍。

臺灣第一件違反公平交易事件：

2013 年台灣三星電子公司，託託集團子公司鵬泰顧問公司，進行網路的口碑行銷，聘請網路寫手及自家員工，在網路上分享手機審試用心得與廠牌比較，企圖拉抬三星手機並貶低競爭對手 hTC 的品牌形象，同年 10 月，中華民國公平交易委員會在調查後裁決，罰款台灣三星子公司 1000 萬元、鵬泰 300 萬、商多利 5 萬元。

# 物聯網改變廣告模式

| 電子商務時代 | 企業架設網站，全球的採購商、消費者都可以透過網路取得資訊，企業也利用 e-mail 廣發廣告信函進行無差異行銷。 |
|---|---|
| 行動商務時代 | 人人時刻攜帶行動裝置（手機、平板電腦、筆電），隨時隨地叼上網查詢資訊，企業可隨時將訊息發送到消費者手機上。 |
| 物聯網時代 | 物物相連、人人相連，消費者進入任何地區，周圍商家就可發送訊息到消費者手機，消費者購物進入自動化時代，大量使用購物 APP、服務 APP、語音助理。 |
| 社群時代 | 個人資料、歷史購物紀錄，都進入到廠商大數據資料庫中，企業發送給消費者的行銷方案都是量身訂做的，客戶關係管理盛行，VIP 會員得到企業悉心呵護，進入一對一行銷時代。 |

# 🔊 大數據行銷

無差異行銷就如同盲人射箭，射中了算是撿到的，廣告效益極低，也只有大型企業負擔得起，若要針對特定群體、特定個人作精準行銷，首先必須掌握消費者資訊，分為 2 個部分：

| | |
|---|---|
| 賣場大數據 | 以 Walmart 為例，全美國 4,800 家分店，所有交易紀錄匯集成一個大型資料庫，經過分析可得出以前所不知道的資訊，例如：某一個時間點特定區域的某項產品賣的特好，及時調貨便可增加營業額，例如：某些商品總是同時出現在同一帳單上，調整商品貨架位置即可增加營業額。 |
| 個資大數據 | 根據個人資料、歷史交易紀錄、近期網路查詢紀錄，企業及時發出符合消費者需求的行銷方案，當然，一般企業是很難掌握消費者個資的，入口網站、社群網站就是蒐集並販售消費者個資的專業單位。 |

為何使用 Gmail 寄信、YouTube 看影片、Google Map 導航都不用錢？因為你簽給 Google 個資使用權。

# 網紅行銷

大螢幕要捧紅一個藝人需要花費大量資源，星探在馬路上挑選可造之材，平凡的你我被選上的機率幾乎為零，但不代表你我是沒有潛力的，因為大螢幕的頻道資源是稀缺的。

網路時代來臨，每一個人都可以開設自己的小螢幕，自秀才藝、自製影片，透過社群網站人人皆可為明星，因此各行各業產生了大量的網路紅人（簡稱網紅），小成本、小製作、自拉自唱，透過手機網路直播，即時產生作品。

明星跟一般庶民的距離太遠、遙不可及，因此代言效果與消費者實際體驗產生很大差距，網紅雖然是一般庶民、鄰家妹妹，小螢幕的表現品質不高，卻提供消費者「親近」、「真實」的感覺。

網紅揭開了個人行銷時代，千里馬不再需要伯樂，在網路平台上人人平等，憑才藝、憑創作在網路世界中爭取認同，只要是好作品立刻在網路上獲得認同，即使是小眾冷門市場依然可以達到經濟規模。

# 📢 微電影行銷

進入行動商務時代後，小螢幕（網路平台）逐漸取代大螢幕（電影、電視），小成本、小製作的影片（微電影），常常藉由突出的創意，產生小兵立大功的行銷效果。微電影的製作成本低，小企業負擔的起，大企業更可利用微電影作大規模行銷前的市場測試。

拍攝微電影所需要的裝備可以簡單到一支手機，因此十分適合在校園推廣，透過：正式課程、社團活動、主題競賽、產學合作、…，一件件創意作品就由學生的實作中產生，經由網路的分享與評比，可以完全跳脫以往學院派的窠臼，透過跨系學程組合：電影製作、動畫製作、行銷企管專業，不同領域學生可以組成製作團隊，在創意掛帥的年代，微電影製作已是校園內所有相關科系課程發展的主軸。

# 🔊 經典行銷創意

你愈生氣，Snickers就愈便宜！

如何發揮品牌精神？

沒有網路也可以使用Google

不打斷球賽的廣告

廣告是希望加深觀眾對於產品、企業的印象，但消費者會喜歡看廣告嗎？或是利用廣告時間尿尿以免浪費時間！以下就是 4 個「優質」廣告：

| | |
|---|---|
| 觀眾互動 | Snickers 巧克力以即時發表的網路文章，作為統計憤怒指數的依據，當憤怒指數提高時，Snickers 在各便利商店的顯示幕上就標示價格同步降低，與消費者作即時互動。 |
| 人飢己飢 | Airbnb 是民宿共享平台，美國東岸發生巨大風災時，Airbnb 進行支援救難活動，免費提供災民住宿的廣告，成功贏得社會認同。 |
| 全球回饋 | 落後國家與先進國家的數位落差相當大，若無法跨越資訊鴻溝，落後國家將永遠落後。Google 身為全球資訊科技巨擘，發展出電話語音搜尋引擎，讓落後國家人民得到資訊平等的機會。 |
| 巧思創意 | 精彩節目或比賽被廣告打斷是一件掃興的事，Walmart 將特價商品的名稱與價格印在比賽球員運動衣上，每一位球員都成為一件商品的活動看板，比賽不會因為廣告而被中斷。 |

# 科技行銷：IOT 物聯網

1.引客

4.熱點管理

2.集客

5.精準行銷

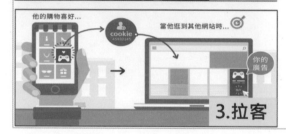
3.拉客

6.回客管理

iBeacon 物聯網系統，搭配企業資訊整合，可提供以下整合商務創新方案：

1. 引客：以優惠、特價訊息，將店外的行人吸引到店內，成為顧客。

2. 集客：在顧客所在的產品區發送精準的特惠商品訊息，吸引店內顧客的注意，並即時選購商品。

3. 拉客：根據顧客的歷史購物紀錄，在賣場中發送精準商品、優惠方案。

4. 根據 Beacon 蒐集的資料庫，分析客戶在賣場內：移動的路徑、停駐的時間、購買金額，重新修正賣場的動線規劃，品牌、商品的配置。

5. 以完整的客戶資料為基準，作量身訂製的客戶服務，搭配各式各樣的集點、優惠方案，吸引顧客再次上門。

6. 一個舊客人的價值抵得過十個新客人，完整的服務紀錄，是下一次服務的最重要參考。

# 庶民小確幸

行銷經典名句：「科技始終來自於人性」，筆者自創一句：「行銷來自於對客戶的關懷」，貼近消費者的生活，不時提供小確幸，以下介紹 2 個經典案例：

| | |
|---|---|
| 7-11 集點 | 購物集點是很普遍的行銷手法，各行各業都喜歡，因為集點是一種消費者的成就感，換禮品更是一種甜蜜的感覺，但關鍵點在於禮品能否打動消費者的心，即使是加價購也要瘋搶，7-11 的集點活動一波接一波，緊緊拴著粉絲們的心，原因無它，企劃團隊用心而已。 |
| Pizza 外送 | 達美樂披薩外送 30 分鐘保證送達，逾時贈送 100 元折價券，若準時送達，餅皮酥脆好吃，客戶滿意，若無法準時送達，消費者獲得 100 元折價券，促進客戶下一次消費，是雙贏的行銷策略。如果筆者是店長，景氣不好時，則會要求所有送貨員必須 31 分才准送達，爭取將折價券送出去，這比殺價競爭的策略高明多了。 |

# 客戶忠誠度

市場競爭激烈情況下，廠商們推出各式各樣促銷方案，在強烈誘惑下，消費者經常是左右逢源的，以下介紹 4 種常見「維持客戶忠誠度」的策略：

| | |
|---|---|
| 綁約 | 以優惠價格提供服務，合約期間內中途解約處以違規金，以限制客戶。 |
| 團體優惠 | 提供朋友、同事、家庭方案，多人共用價格優惠，每一個成員離開都將增加其他人負擔。 |
| 累積里程 | 針對一般客戶提供累積旅程換免費機票方案，針對商務客戶提供免費升等服務，讓出差員工增進自己的福利。 |
| VIP | 市場競爭推陳出新，消費者當然也會改變，短視的企業經常陷入紅海式的惡性競爭，永續經營的企業卻是致力於研發、創新，提供客戶差異化的產品、服務，並將「以客為尊」作為企業文化的主軸，培養企業長期忠實客戶。 |

## 🔊 就是懂你

Costco賠本餐點

IKEA精緻餐點

熱戀的男女經常將「我愛你」掛在嘴邊，但其實都是愛自己多一點；企業也一天到晚高喊「以客為尊」，實際的做法卻是利潤至上，以下介紹 2 家比較另類的企業，真的將客戶的需求放在心上：

| | |
|---|---|
| Costco | 美國知名大型連鎖生活雜貨量販店，以商品的高 CP 值作為主要競爭訴求，它的目標客戶就是中產階級。Costco 的客戶多半是家人一同前往，東買買西逛逛，到了用餐時間多數的客戶會選擇在賣場內用餐，Costco 以超優惠價格提供美味的 Pizza、熱狗簡餐，儘管賠錢但十多年來堅持不調漲價格，因為這是對客戶的一番心意。 |
| IKEA | 全球知名組合家具廠商，提供多樣化家具布置組合賣場，提供客戶優質的現場體驗，同樣的，IKEA 也提供平價優質餐點，配合行業屬性，它的用餐環境較為精緻，這都是不以營利為目的的純服務，心中懷抱著客戶的需求，提供客戶「家」的感覺。 |

## 與競爭者共舞

阿根廷的漢堡王 2019/9/26 宣布停售他們的招牌漢堡「華堡 Whooper」一天：
當顧客點餐點到華堡時，店員會委婉地告訴他們今天沒有販售，反而請他們
就近到對街的麥當勞去點「大麥克 Big Mac」！

| 緣由 | 麥當勞每年都會舉辦公益活動，當你購買一款指定的特殊漢堡，麥當勞就會捐出 2 美元給慈善機構。 |
|---|---|
| 漢堡王 | 利用麥當勞的公益活動，進行漢堡王免費公益形象廣告。 |
| 結果 | 漢堡王的顧客在活動當天，改買漢堡王其他食品，營業額並沒有下降，還賺到廣告效果與企業形象。 |
| 探討 | 這是所謂的藝高人膽大：<br>A. 對於兩家企業的市場定位、區隔有深入研究<br>B. 對自家產品非常有信心<br>C. 對客戶消費習慣很了解<br>D. 企劃人員對於決策高層說服能力超強 |

## 習題

( ) 1. Promotion 促銷，向消費者傳遞商品的資訊，常見的促銷工具 ( 方法 ) 不包含下列何者？

(A) 自家產品自家消費

(B) 配合不同活動進行折扣：如周年慶、年終拍賣

(C) 透過電視、報章雜誌、郵件、電子訊息傳遞商品資訊給消費者

(D) 直銷 – 面對面服務

( ) 2. 建立品牌需要大量、持續的投入，請問下列敘述何者正確？

(A) 有廣告就一定會形成話題

(B) 透過山寨模仿搶攻市場，必可成功

(C) 大量的投入資源與時間，短期內不一定會帶來明顯的效益

(D) 持續的投入資源，短期內並不會對企業的財報造成影響

( ) 3. 「真的假不了，假的真不了」？下列敘述何者正確？

(A) 山寨產品的品質一定比真品差

(B) 山寨產品一定無法取代真品

(C) 山寨產品的存在，其實對具有品牌優勢的真品產生了極大的行銷效果

(D) 山寨產品具有的優勢，低價、品質略差

( ) 4. 碳酸飲料的第一品牌 – Coke，分析其商品價值圖發現，所占比重最高者為：

(A) 廣告 　　　　　　　　(B) 品牌

(C) 研發 　　　　　　　　(D) 原料

( ) 5. 下列有關 2019 年 Brands 全球品牌價值 100 強排名的敘述，何者正確？

(A) 前十名中有六家為美國企業

(B) 中國僅阿里巴巴列入前十名中

(C) Amazon 由電商崛起，以科技創新攻城掠地，榮登品全球品牌價值第一

(D) Apple 業務重點維持在消費電子及智慧型家居領域，在強大的果粉支持下，品牌價值持續維持第一

( ) 6. 豐田汽車是全球規模最大的車廠，TOYOTA 是全球銷售量最大品牌，雙 B (BENZ、BMW) 就是高級車的代表，下列敘述何者正確？

(A) 豐田汽車標榜：經濟實惠、服務第一

(B) LEXUS：豐田汽車為滿足中、高階市場消費者所成立的新品牌

(C) BENZ 與 LEXUS 同為歐洲車體系

(D) LEXUS 與 TOYOTA 同為豐田汽車旗下的品牌，主攻市場均為國民車市場

( ) 7. 企業社會責任 (Corporate Social Responsibility，CSR) 泛指企業在創造利潤、對股東利益負責的同時，亦能兼顧對客戶、員工、供應商、社會和環境等利害關係人的權益。下列何者非企業落實社會責任的方法？

(A) 麥當勞歡樂送、得來速 11/6 起不主動提供吸管

(B) 樂高蓋風電廠，研發無塑材料

(C) 全球平價品牌 C&A 推出全球第一件拿到「搖籃到搖籃」金級認證的牛仔褲

(D) 以上皆是

( ) 8. 透過捷徑超越先進國家的技術，採取「彎道超車」可能出現的結果是：

(A) 搶攻市場，超越競爭對手

(B) 鋌而走險，企業形象受損、品牌掉漆

(C) 經過事前評估，一定沒有問題的

(D) 為永續經營者該有的態度

( ) 9. 下列何者非台灣廠商發展品牌不易的原因？

(A) 台灣教育偏數、理、化，輕美學、文化、創作

(B) 團體利益重於個人利益

(C) 缺乏知識分享的胸襟

(D) 英雄主義掛帥

( ) 10. 單一商品容易比價、比規格，但透過組合就可產生兩個效果：A 顧客難以比價；B 客單價提高。針對銷售方案的設計，需對哪些資訊有所了解？

(A) 市場動態        (B) 消費者需求

(C) 產業競爭        (D) 以上皆是

( ) 11. 下列敘述何者錯誤？
  (A) 開發一位新客戶的成本是留住一位舊客戶的 5 倍
  (B) 80% 的業績來自於前 20% 的客戶
  (C) 消費者對於不熟悉的商品，多會以嘗鮮的態度去面對，對廠商來說，不會產生較高的開發成本
  (D) 企業相繼投入「客戶關係管理」系統的建置，加強客戶社群的經營，以增加客戶的忠誠度。

( ) 12. 為消費者營造「非買不可的購物機會」，利用的是消費者的：
  (A) 功能需求　　　　　　　(B) 心理需求
  (C) 生理需求　　　　　　　(D) 生活需求

( ) 13. 公益活動是組織不計眼前利益，出人、出物或出錢贊助和支持某項社會公益事業的公共關係實務活動。下列何項活動非屬公益活動？
  (A) 公益彩券 ~ 中國信託金控
  (B) EARTH DAY RUN 為地球而跑 ~ 國家地理頻道
  (C) 純喫茶 try it 鬥牛賽 ~ 純喫茶
  (D) 「捕捉希望」數位攝影比賽 ~ 財團法人癌症希望基金會

( ) 14. 名人廣告是以影視、歌星 體壇名將、社會名人等作為品牌代言人的一種廣告表現形式，是一種借勢營銷策略。此廣告策略係利用心理學上的概念來進行，其所運用的概念不包含下列哪一項？
  (A) 愛屋及烏　　　　　　　(B) 月暈效應
  (C) 聚光燈效應　　　　　　(D) 意見領袖

( ) 15. 行銷思惟由早期的重「銷售、銷售、再銷售」，進化轉變成「享受、體驗、參與」，案例中的公司推出何項方案，讓消費者參與？
  (A) 自助結帳，帳款九折
  (B) 自製 T 恤，創作專屬圖案
  (C) 公開徵求設計，設計者享 VIP 優惠
  (D) 歡迎來找碴，穿搭建議

( ) 16. 置入性行銷（Placement marketing），或稱為產品置入（Product placement），是指刻意將行銷事物以巧妙的手法置入既存媒體，以期藉由既存媒體的曝光率來達成廣告效果。不得於電視事業節目中為置入性行銷之商品：
  (A) 通訊產品　　　　　　　(B) 家電用品
  (C) 菸酒類產品　　　　　　(D) 保健食品

( ) 17. 行銷手法不斷推陳出新，除了文中所提置入性行銷外，目前常見的手法上有：

(A) 業配文 　　　　　　　　(B) 冠名贊助

(C) 網紅部落客推薦 　　　　(D) 以上皆是

( ) 18. 不可接受冠名贊助的節目類型為：

(A) 綜藝性節目 　　　　　　(B) 戲劇性節目

(C) 益智性節目 　　　　　　(D) 新聞時事評論節目

( ) 19. 飢餓行銷利用的概念有：

(A) 製造「供不應求」的假象，營造出商品值得購買的消費心理

(B) 刺激消費者的「衝動性購買」，讓消費者覺得數量有限而不買可惜

(C) 行銷活動必須有強勢廣告、宣傳手段協助資訊散布，讓活動訊息被廣大的消費群眾所知，否則難以達成行銷預期規模

(D) 以上皆是

( ) 20. 某些商品，品牌定位在高階市場，下列何者非其限量發行的目：

(A) 尊榮無比，只有超級富豪可以擁有

(B) 飢餓行銷

(C) 成就富豪收集的嗜好

(D) 造成話題：抬高品牌價值、定位，正常商品才是銷售的主力產品

( ) 21. 下列敘述何者有誤？

(A) 「貴婦名媛」，經常參與上流社會奢華 Party 的一群女性同胞

(B) 有老公的稱為貴婦，尚無老公的稱為名媛

(C) 封館派對：信用卡公司就是名單主要提供者

(D) Google、FB、YouTube，為網路廣告收入的前三大廠商

( ) 22. 電視購物節目容易激起消費者的購買慾望，來自於：

(A) 現場操作、模特兒展示，讓消費者產生臨場體驗的感覺

(B) 價格聳動：吸引消費者注意，產生心動感覺

(C) 限時優惠再加碼，並在螢幕上顯示熱銷狀況，讓消費者產生不買可惜的購物衝動

(D) 以上皆是

( ) 23. 常見的網路行銷方法，不包括下列哪一種？

(A) 社群平台，如：Facebook、IG、LINE、Twitter 等

(B) 搜尋引擎優化 (SEO)，如網站優化、關鍵字優化

(C) 媒體與部落客行銷，如：網紅行銷、KOL 行銷

(D) 付費取消廣告干擾

( ) 24. 民以食為天，吃不能不認真，特別是到外地去玩，似乎不帶些伴手禮，有點對不起自己，但旅遊時間寶貴，對於一些名店，常常是門庭若市，店員無法詳細介紹商品，這時，店家的網頁就擔任了介紹的重要任務，多語系的國際化調整是必要的，常見的語系包括：

(A) 繁體 ( 簡體 )　　　　　　　(B) 英文

(C) 日文　　　　　　　　　　　(D) 以上皆是

( ) 25. 下列何者非民俗行銷的商務創新？

(A) 網路點光明燈、祭拜神明祖先

(B) 敬鬼神、拜祖先，拜越多保佑越多

(C) 3C 大廠與大甲鎮瀾宮攜手共推智慧佛珠

(D) 不可膜拜神像

( ) 26. 下列何者非創造議題的標語？

(A) "雷神" 吸人潮，量販店開賣即秒殺！

(B) 控制升溫 2℃ 內，全球得吃「彈性素」

(C) 健身 APP 秀跑者路徑，洩漏軍機密

(D) 認真的女人最美

( ) 27. 下列敘述，何者錯誤？

(A) 會展，就是一般所說的夜市

(B) 會展可提供消費者、採購商一站購足的便利性

(C) 同行「聚市」的主要目的就是：「將餅做大」

(D) 「市集」就是將一群人、一堆物集合起來以方便交易，人越多、物越多，生意越好做

( ) 28. 台灣的觀光資源遠遠優於日本、新加坡，但整體觀光品質是低落的原因為：

(A) 環境的規劃管理　　　　　　(B) 交通的整合

(C) 商業秩序的維持　　　　　　(D) 以上皆是

( ) 29. Slogan 往往能代表企業的精神，下列有關 Slogan 的配對，何者有誤？

(A) We Want You!：美國漢堡店徵人海報上的口號

(B) Just Do It：Nike

(C) Think Different：Apple

(D) i'm lovin' it：McDonald's

( ) 30. 設計 SLOGAN 是行銷活動中重要的一環，好的 SLOGAN 讓人印象深刻、朗朗上口，對於活動的推廣有畫龍點睛之效果，下列有關 Slogan 的配對，何者有誤？

(A) The World On Time：FedEx

(B) Save money,Live better：Amazon

(C) Open happines：Coca Cola

(D) i'm lovin' it：McDonald's

( ) 31. 有關寫手門行銷的敘述，何者正確？

(A) 為可有效增加績效的行銷策略

(B) 係指透過自家公司網站，讓消費者填寫使用心得並推薦分享給親朋好友，協助親友購買商品，以賺取公司回饋的行銷手法

(C) 以經費贊助的方式找一些網路評論家，在產品試用經驗分享中加入個人好評

(D) 係指透過員工及雇用部落客、工讀生在知名論壇等網站，佯裝消費者發表使用心得，企圖影響網路輿論，打擊競爭對手的品牌形象同時提升自家公司品牌形象的行銷手法

( ) 32. 下列配對，何者有誤？

(A) 電子商務時代：企業架設網站，全球買家透過網路取得資訊

(B) 行動商務時代：透過行動裝置，隨時隨地可查詢資訊或接收訊息

(C) 物聯網時代：大數據 - 購物自動化

(D) 社群時代：客戶關係管理盛行，行銷方案都是量身訂做

( ) 33. 若要針對特定群體、特定個人作精準行銷，首先必須掌握消費者資訊，其資訊包括：個人基本資料 ( 如：年齡、婚姻狀況…)、歷史交易紀錄、近期網路查詢紀錄等資訊，而這些資訊的來源處不包括：

(A) 入口網站 　　　　　　　(B) 社群網站

(C) 賣場歷史交易資訊 　　　(D) YouTube

( ) 34. 透過網紅行銷可帶來的好處，不包括：

(A) 網紅活躍於社群媒體中，他們的行為、分享的內容具一定的散播力、影響力

(B) 網紅所製造的評價更容易被廣泛流傳

(C) 一定要找權威人士擔任網紅，行銷的效果才會好

(D) 網紅提供消費者「親近」、「真實」的感覺

( ) 35. 下列有關微電影行銷特徵的敘述，何者錯誤？

(A) 製作成本低

(B) 文本長度短，約五到十分鐘

(C) 可透過微電影作大規模行銷前的市場測試

(D) 拍攝微電影所需要的裝備必須為具有高畫質的手機及專業的剪接技巧

( ) 36. 下列有關案例中的經典廣告敘述，何者正確？

(A) Snickers：提供消費者免費試吃的廣告，增進銷售量

(B) Airbnb：及時發表網路文章，依據點閱率的達標，提供降價服務

(C) Google：透過電話語音搜尋引擎，讓落後國家人民得到資訊平等的機會

(D) Walmart：推行災難響應計畫，同時贏得社會認同

( ) 37. Beacon 指的是透過使用低功耗藍牙技術，創建一個信號區域，提供行動裝置上的 App 精確的場域資訊，創造出不同的虛實互動體驗。iBeacon 物聯網系統，搭配企業資訊整合，可提供整合商務創新方案；請問：透過優惠、特價資訊將路過的行人，吸引到店內，成為顧客，此為：

(A) 引客　　　　　　　　　　(B) 集客

(C) 拉客　　　　　　　　　　(D) 熱點管理

( ) 38. 購物集點活動，各行各業都喜歡，因為集點是一種消費者的成就感，換禮品更是一種甜蜜的感覺，但關鍵點在於：

(A) 禮品能否打動消費者的心

(B) 集點換物（購）的門檻

(C) 是否配合其他優惠方案

(D) 其他競爭廠商的不同換物（購）方案

（　）39. 常見的「維持客戶忠誠度」的策略，不包括：

    (A) 綁約               (B) 團體優惠

    (C) 累計里程        (D) 提出「以客為尊」口號

（　）40. 下列敘述何者正確？

    (A) 美國知名大型連鎖生活雜貨量販店，目標客群為中產階級，其中，Pizza、熱狗係以薄利多銷方式在銷售

    (B) 一般企業落實「以客為尊」的作法係以降價方式為之

    (C) 全球知名組合家具廠商，提供平價優質餐點，用餐環境精緻，提供客戶「家」的感覺

    (D) 以上皆是

（　）41. 在與競爭者共舞的案例中，廣告成功的原因包括：

    (A) 對於兩家企業的市場定位、區隔有深入研究

    (B) 對自家產品非常有信心

    (C) 對客戶消費習慣很了解

    (D) 以上皆是

# 國際行銷：
# 全球化企業的個案探討

諺語：「隔行如隔山」，用來描述每一個行業都有其專業性，相對的，每一個地區、國家也都有差異性，當一個企業準備全球布局、進軍海外市場時，首要工作應該是針對在地國家進行深入研究，根據既有的本國經驗，從事海外行銷是完全行不通的。

# 認識世界 -1：已開發國家 → 人權、狗權

所得稅率 > 40%

全世界國家都有經濟弱勢族群：流浪漢、乞丐，就連世界第一強權美國也不例外，但美國是一個講究社會福利、人權的國家，流浪漢也有人權、生存權，因此國家每年必須編列龐大預算照顧窮人。

社會福利當然來自於稅收，因此美國也是一個高稅率的國家，不過美國的稅法鼓勵納稅人：投資、買基金、買保險、…，對於個人理財規畫提供各項所得扣除額，因此很多人年輕時便養成購買退休基金的習慣（直接由每月薪資中提撥部分金額），可減稅又可儲蓄，又提供產業發展所需資金，社會經濟形成良性循環。

良善的福利政也同時養出一些不事生產的人，每天靠救濟金過日子，但一個多元發展的社會就必須包容不同的價值觀、生活方式，大導演李安在事業發展的低潮期，曾在家中待業讓老婆養了 7 年，最終成為世界級的華裔導演！

# 認識世界 -2：已開發國家 → 社區發展

大型、完整社區開發計畫

美國南加州的爾灣被評選為美國最安全的城市之一，更是美國最富有的城市之一，上面圖片中的各項設施：住屋、社區商場、社區泳池、社區運動場…就是爾灣一般居民的生活實景。

上圖的房子大約 70 萬美金，每年必須繳 1.7% 的房產稅（大約 1.2 萬美金），每年必須繳社區管理費約 4,000 美金，相對於台灣台北，房價實在是不貴，但房產稅及社區管理費卻是太貴了！

各位讀者，你選擇哪一種模式呢？

    A. 高房價 + 低房產稅 + 低社區管理費 → 環境差的高價住宅

    B. 低房價 + 高房產稅 + 高社區管理費 → 環境優的平價住宅

高房價讓一般年輕人對未來沒有希望，但這一切卻是炒作的結果，低房產稅就是炒房的原兇，低房產稅更讓政府無力進行社區環境優化，結果是惡性循環。

## 認識世界 -3：歐洲 → 綠化環保

歐盟是僅次於美國的全球第二經濟體，德國是全球第一個立法廢除核能電廠的國家（2022 年要跟核電說再見），歐盟是全球環保法規最嚴謹的區域。

對於已開發國家而言，環保、健康、快樂才是國力評量的指標，若是：環境汙染 → 健康惡化 → 不快樂，那人生奮鬥的目標為何？因此德國人民願意負擔高昂的綠能電費，歐洲百姓願意負擔高昂的環保材質商品，也因為如此，歐洲成為防治污染技術最先進的地區，這是附加價值極高的產業，全球商品要進入歐盟都必須符合歐盟法規標準。

歐洲是西方文化的發源地，長期以來對於文化、藝術、建築的維護不遺餘力，百年歷史的教廷、城堡、宮殿，都是全球旅客的最愛，這些都是無可替代的文化遺產，儘管歐洲是全球旅遊消費最高的地區，遊客仍是絡繹不絕。

歐洲這些年來在創新科技發展上沒有美國亮眼，但在環保、醫療、汽車、機器人、時尚、藝術…等領域仍然居於領先地位，全球人均 GDP 排名前 5 名除澳門外，全部都是歐洲國家。

# 認識世界 -4：日本 → 精緻文化

日本是一個地狹人稠的海島國家，天然資源也相當匱乏，卻一直企圖向外擴展，致力成為超強大國。

海島小國有能力挑起二次大戰，戰後又能迅速崛起成為工業大國，日本家電、3C 產品、汽車攻陷全球，充分展現日本的發展實力，筆者認為這一切成果，可以歸因於：凡事做到「完美」的「工匠精神」。

日本文化中，對於各種專業的職人給予很高的社會評價，與台灣的唯有讀書高，並將專業職人視為「勞力」階級的概念完全不同，運動教練、餐廳主廚、打金師傅、…，各種產業的達人在日本都享有很高的社會地位與薪資。

因此到日本觀光第一個感覺就是「精緻」，任何事物都井然有序、一絲不苟。筆者在此跟大家分享一個親身體驗，1985 年左右第一次去日本迪士尼樂園玩，當然是相當驚艷，園內一切設施、景觀都非常精緻，但總是覺得哪裡不對勁，後來才驚覺：「園內到處是樹木，為何地上沒有落葉！」，原來樹葉一落地就被清潔人員掃起來了！

# 認識世界 -5：印度 → 我的媽啊⋯

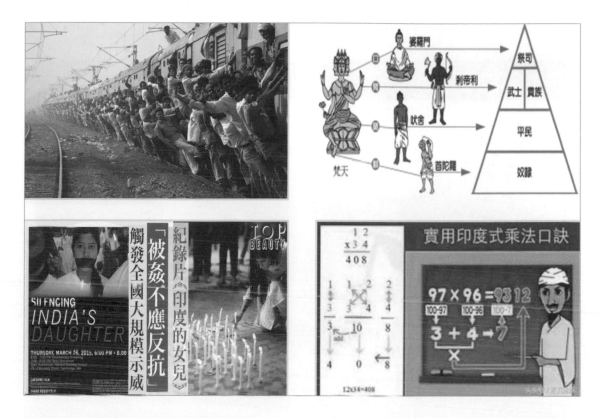

印度是一個奉行種姓制度的國家，社會是由不同階級組成，人民的社會階級是世襲的，是一種古老的又不符合公平正義的制度，生為奴隸一輩子為奴隸，且由於是一個宗教領政的國家，因此印度教教義高於一切，是我們這種從小接受西方公平、正義價值的人所無法接受的，舉一個案例：

一對青年男女晚上約會，遭遇一群陌生男人暴力對待，男的被打成重傷、女的被輪暴，媒體事後報導卻一面倒的認為：「女孩子晚上外出約會就是不檢點」，「女孩如果乖乖配合就不至於受重傷⋯」，對於強姦行為卻視為理所當然！

印度雖然在經濟發展上是個貧窮落後國家，卻也是少數擁有核武的國家之一，印度的教育普及率很低、文盲很多，但印度人卓越的「計算」能力卻為世人津津樂道，因此在美國矽谷四處可見印度裔工程師、程式設計師。對於我們而言，印度是一個充滿衝突感的國家，因此跨國企業大多借助當地企業作為中介橋梁，並聘請在地人擔任中階管理幹部，以避免認知錯誤與管理上的衝突。

# 討論：中國的發展方向？

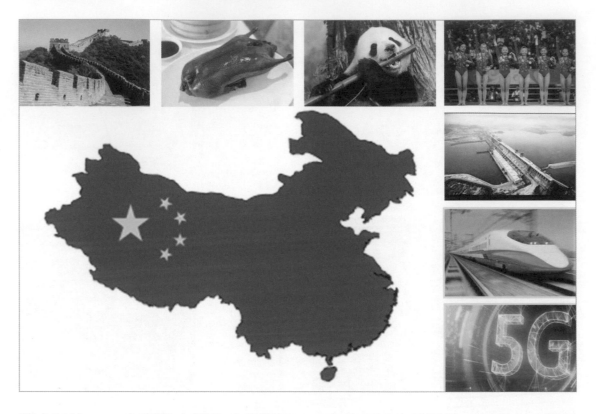

鄧小平於 1979 年開啟中國的改革開放，40 年來經濟突飛猛進，經濟上已經順利脫離貧窮，產業發展也由農業順利進入工業，甚至成為世界工廠，如今貼著 Made in China 的商品散佈於全球的商場中。

政治與經濟是很難脫鉤的，若經濟走得太快而政治卻原地踏步，那整個社會是會產生衝突的，因為肚子吃飽後，腦袋就靈活起來了，出國考察、觀光後，比較就出現了，要求政治改革開放的聲音勢必崛起。

中國擁有 14 億人口龐大內需市場，在政府強力扶植下，若干企業已擠身世界舞台，例如：阿里巴巴的電子商務、華為的 5G，無論在技術或公司規模都已具備全球競爭力，但多數的中國企業仍是靠著政府：政策、補助與技術剽竊作為發展的策略，因此產業發展非常不健康，今日首富明日可能就變成首負（債），一旦政府政策轉向，企業經營立刻跳水，因此目前所看到的中國產業發展，只能說是「量」的改變，企業變多了、企業變大了，但並沒有達到「質」的改變，因為所有人還是迷信彎道超車，致力於基礎研究的人還是少數。

# 🔊 國家行銷 -1：世界級會展

台灣上一代的企業家提著一只皮箱，單槍匹馬勇闖天下、全球接單，但隨著全球化時代的演進，這種走街串巷的商業模式，已無法對抗來自各國國家隊的商業競爭。

由國家領頭，建立世界級的會展場所，周邊搭配：便利的交通、舒適的飯店、鄰近產業園區，再由政府部門整合各個產業爭取世界級會展到國內舉辦，目前亞洲的新加坡、上海、東京、香港，都是發展世界級會展的佼佼者。

多功能整合的會展中心提供給全球買家的是：

| 便利 | 參展廠商多，一站購足。 |
| --- | --- |
| 省時 | 會場多半鄰近機場或在機場內，參展、採購完畢後，可立刻飛往下一個目的地，節省機場與會場間的交通時間。 |
| 高效率 | 鄰近產業園區方便國際大買家參訪企業、工廠。 |

一個規劃完善的國際會展中心，就如同結合政府與企業所成立的國家商貿代表隊，企業不再是單兵作戰，對於產業整體提升有莫大的效果。

## 國家行銷 -2：機場

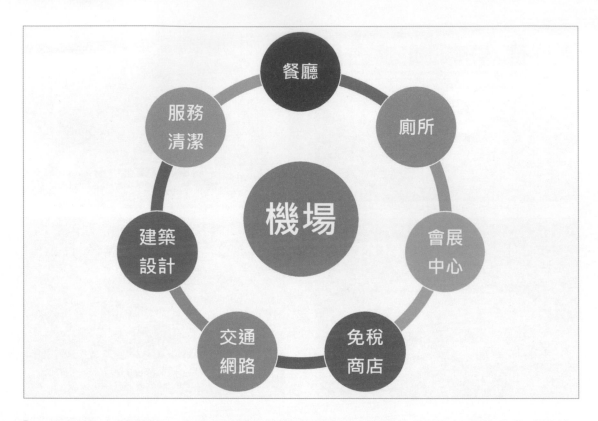

「一見鍾情」是對第一印象重要性的最佳註解，外國人認識台灣基本上有兩個途徑：一個是使用台灣產品，另一個是到台灣來旅遊。到了台灣第一個印象就「機場」，因此桃園機場就是台灣的門面，提供外國人第一印象的地方。

機場所有設施都是外國遊客的評分標的：

| 廁所 | 上廁所的感覺是最直接的，乾淨、舒適、芬芳，也是一個最能體現公民教育的場所。 |
|---|---|
| 建築設計 | 體現國家文化與發展格局的結合 |
| 會展中心 | 國家對於經濟發展整合的實力展現。 |
| 餐廳 | 展現對不同文化的包容力。 |
| 免稅商店 | 第一站與最後一站購物點，考驗的是以客為尊的實力。 |
| 交通網路 | 展現國家基礎建設與資源整合實力。 |

機場的各項設施都是表象，國民的公民教育與素質才是讓外國人最能留下深刻印象的關鍵，有人說：「台灣最美麗的風景是"人"」，希望所有國人互勉。

# 國家行銷 -3：美國 - 娛樂產業

美國是資本主義的代表，各種娛樂都達到商業化的極致，以下是最具代表性的 4 個產業：

| | |
|---|---|
| 電影 | 好萊塢電影瘋迷全球，筆者和許多人一樣，成長的過程少不了好萊塢電影，各國知名演員也以征服好萊塢為平生志向。 |
| 職業運動 | 美國是實至名歸的運動王國，最根本的原因在於，職業運動產業的完整體系，讓運動員生涯不再只是曇花一現。 |
| 卡通王國 | 迪士尼卡通幾乎是陪伴所有小朋友成長的良伴；到了青少年時期，能夠親臨迪士尼樂園更是無比的興奮；自己有了小孩之後，一定會讀白雪公主與七個小矮人故事給小朋友聽，這就是讓世代遺傳的魅力。 |
| 賭場 | 在沙漠中建立美輪美奐的賭場城市，在豪華的賭場內引進高級歌舞秀、世界級拳擊賽、超級巨星演唱會，成為一個適合全家人旅遊的娛樂城，如今更是世界級會展的重要據點。 |

# 🔊 國家行銷 -4：歐洲古蹟、浪漫

分布在歐洲的世界文化遺產都不是最偉大的，但卻是最具商業價值，每年吸引最多的遊客，到訪過的遊客在驚嘆之餘，重複造訪的機會極高，消費單價更是驚人。

歐洲對於文化古蹟的維護當屬世界最先進，雖然不是最大卻是最細膩，雖然是古蹟卻又維護的金碧輝煌、光彩奪目，但又保持古樸的氣質，古蹟周邊搭配規劃完整高級飯店、旅遊景點、高檔購物商城，所有遊客錢花得心甘情願，反觀埃及的金字塔、中國的萬里長城雖然號稱世界之最，但卻不夠細膩，整體旅遊環境太差，去過一次也就夠了，周邊環境缺乏配套措施，因此觀光客也花不了什麼錢。

歐洲多國共同建立的政治及經濟聯盟，現擁有 28 個成員國，現在到歐洲進行多國旅遊只需辦一次簽證，使用單一種貨幣，國與國之間不再有關稅壁壘，人民可以在歐盟國家中自由遷徙、就業，這是一項利國利民的世紀大工程，卻也充滿挑戰，因為「整合」的過程中，總是有跟不上的隊員！

# 國家行銷 -5：日本 - 精緻文化

- ◎ 日本的餐飲不是最好吃的，卻是最好看的。

- ◎ 日本的庭院不是最宏偉的，卻是最細緻的。

- ◎ 日本的商品不是最棒的，包裝卻是最美的。

- ◎ 日本的手工藝品不是最精緻的，卻是最 Kawai（可愛的）。

這些都是日本達人文化的具體表現，各個產業的達人窮其一生，就專注在一件工作、一項技藝，對於各項事務都追求細緻、完美，這是一種文化，透過家庭教育、學校教育與職場倫理所建構出來的。

以 3C 產品、家電產品為例，在電器賣場中，日本 SONY 電視的價格就是硬生生比韓國三星、中國海爾高出一大截，仔細比對電視畫質，的確有顯著差異。目前日本雖然不再是經濟強國，但仍然在各項產業中掌握研發的領導地位，藉由分析日韓貿易大戰，就可看出兩國產業實力的差異。

# 國家行銷 -6：日本 - 觀光

日本是台灣人出國旅遊的首選，更是全球旅遊的熱門國家。筆者幾次前往日本旅遊，對於日本觀光產業的發達，有以下幾項觀察：

- 便捷的大眾運輸網絡：全世界最便捷的都會區地下鐵路網絡，搭配各旅遊區飯店提供的在地接駁服務，各國觀光客在日本可以輕易地完成自助旅遊，各車站更是提供完整的旅遊資訊，可說是最友善的觀光環境。

- 精緻服務、價格透明：商業區、飯店、景點所有的商品、服務價格都是一致的，不會有坑殺遊客的行為，服務人員都受過完整職前訓練，因此服務水平較為整齊一致。

- 精緻景點、清潔衛生：日本生活水平高，觀光旅遊價格也高，在旅遊市場中是屬於精品等級的，觀光產業更是日本政府目前著力最深的產業之一，因此日本雖然沒有歐美國家的大山、大水，但所有景點卻是異常精緻，環境更是乾淨！

# 國家行銷 -7：韓國 - 文創輸出

韓國不是文化大國，更無顯赫歷史，中國人甚至嘲諷韓國人為「高麗棒子」（輕蔑語），但近年來全世界卻吹起一陣「韓流」，韓國的戲劇、偶像天團、電競產業風靡全球，這一切的背後有一隻看不見的黑手：韓國政府。

1997 年 7 月，亞洲金融風暴席捲韓國，外債高築、企業倒閉、貨幣貶值、外匯儲備銳減、失業率上升等危機浮現，韓國時任總統金大中提出了「文化立國」戰略，基於此戰略，韓國先後頒布《文化產業振興基本法》等多項文化產業相關法規，以及成立「文化產業振興院」等多個文化產業相關機構，戰略重點包括：旅遊觀光、電子競技、服飾、飲食等，形成一個全方位的文化產業鏈，韓國文化產業出口規模以每年超過 20% 速度迅猛增長，成為韓國創造外匯第二多的產業，韓國政府期待在 2020 年實現文化產業出口額全球第五的目標。

# 🔊 國家行銷 -7：韓國 – 財閥經濟

20 世紀 60 年代至 90 年代，韓國大力發展外向型經濟，其中包括工業化、科技化、城市化、現代化、民主化和國際化的一系列過程，被稱為「漢江奇蹟」，將韓國由一個從二戰廢墟走出的國家搖身一變，成為世界第 11 大經濟體和人均 GDP 達到 3 萬美元的已開發國家。

隨著經濟逐漸復甦以及基礎設施不斷完備，韓國將目光轉向了覆蓋鋼鐵、造船、有色金屬、汽車製造、電子產業等資本密集型重化工產業，實現了全面的產業升級，更重點扶持以三星為代表的十大財閥，2017 年十大財閥營收總額占國內生產總值的 44% 以上。

從此，韓國走上了經濟騰飛之路，GDP 常年保持高速度增長，各產業發展態勢一路向好。1996 年 10 月 11 日，韓國成為繼日本之後第二個加入 OECD（經濟合作與發展組織）「富國俱樂部」的亞洲國家。

財閥經濟加速國家發展，卻讓貧富不均現象更加嚴重，人民痛苦指數不斷攀升，因此經濟發展再次面臨嚴重挑戰。

# 韓國財閥政治八卦篇

| 企業 | 產業 |
|------|------|
| 三星 | 商社、電子、重工 |
| 現代 | 造船、汽車、建築 |
| LG | 家電、化工 |
| SK | 合成纖維、石油化工 |
| 樂天 | 果品、飯店、超市 |

韓國政府培養以三星為主的 10 大財團，進行資本密集的產業發展策略，同時這些大財團也對政府進行大規模賄賂，由政府的政策、法令上獲得更多不當的資源。

由 1962~2013 年，40 年間，連續 6 任總統都下場淒涼：軍事政變、貪汙入獄、貪汙自殺，百姓對於官員貪腐感到厭煩，更對財閥獨佔經濟發展成果不滿，因此街頭示威抗議從不間斷。

近年來，隨著文化產業越來越發達，財閥們前仆後繼地進駐娛樂產業或是爭相取得娛樂公司的控股權，財閥們的介入，使得行業生態悄然變味，據統計，10 年間韓國演藝圈自殺人數超過 30 人。職業光鮮亮麗的明星們紛紛走上自殺之路，原因包括：網路暴力、收入過低、潛規則、行業淘汰…等。

# 國家行銷 -8：新加坡 - 最務實城市

新加坡2019人均GDP
世界排名12、$5.6萬

筆者就讀小學時就聽說：新加坡是全世界最乾淨的城市、新加坡不准吃口香糖、…，新加坡也是東南亞最佳的旅遊勝地。

新加坡雖然是一個國家，但更準確地描述應該是一個城市，土地面積只有台灣新北市 1/3，人口只有 500 萬，人均 GDP 卻高達美金 5.6 萬，位居全球第 12，是全球重要的金融中心、運籌中心。

新加坡卓越的經濟發展根植於政府的廉潔，新加坡總理在國會中大聲捍衛公務員的福利，聲稱一流的薪資才能有一流的政府官員。在具體施政上，新加坡政府展現出一流的決策魄力與施政效率，毅然決然發展眾人眼中的邪惡產業：博弈，同時嚴格立法管理，讓新加坡在提升經濟的同時，又避免了社會腐化的問題，因此筆者認為新加坡是一個最「務實」的城市，當然這一切還是必須歸功於「廉」、「能」政府團隊，與國民對於政府官員高薪制度的認同，這是一體的兩面。

# 🔊 國家行銷 -9：中國 - 世界之最

萬里長城見證古老中國的廣闊疆域與工程建設的實力，長江三峽建造世界最大的水力發電工程，標誌著中國經濟正式步入世界舞台，港珠澳大橋串聯香港、珠海、澳門三地經濟與產業，更在世界工程史上再次寫下神奇的一筆。除了基礎建設工程實力之外，華為目前在通訊產業 5G 的發展，處於全球領先的地位，讓歐美國家對中國崛起產生嚴肅以對的態度，也正式宣告中國的科技研發實力。

因為中國擁有全球最大消費市場：14 億人口，因此改革開放之後，所有國家都爭相投資中國，希望在這個崛起的市場中搶到一定的份額，因此人才、技術、管理、資金前仆後繼地投入中國市場，加上中國各地政府積極推出招商優惠政策，因此讓中國改革開放後的 40 年經濟發展神速。

改革開放 40 年讓中國成為世界工廠，但相對付出環境污染的代價，目前中國政府推出的「中國製造 2025」，揭示：技術升級、產業轉型的發展策略，發展的目標也由「量」變轉變為「質」變。

# 📢 台灣行銷：自然景觀、人文氣息

台灣是上一代的世界工廠，經歷快速的經濟成長後，由於政府主導的產業轉業轉型政策失敗，多數企業將製造工廠遷移至中國，大量人才與資金向中國移動，台灣的經濟發展幾乎停頓了 20 年。

20 年是台灣轉型必須忍受的過渡期，在經濟數據上，台灣薪資凍漲 20 年，但就生活環境保護而言，台灣的土地、環境獲得 20 年的休養生息，經濟的降溫讓社會貪婪掠奪的風氣得以舒緩，人人回歸自己的專業職場，務實的過每一天。

台灣的環境護育了，許多年輕人帶著管理、科技思維，回歸農村從事高產值精緻農業：觀光果園、薰衣草花園、古坑咖啡、…，而城市的年輕人也逐步走入文創產業，因此休閒觀光產業也逐漸在台灣茁壯。

台灣的花蓮、台東擁有世界級的地理景觀、規劃完善的單車道、充滿人文氣息的民宿、熱情的民宿老闆，更有當地人熱情的笑容，與來自全球各地的車友的互相打氣，這才是台灣最寶貴的資源。

# 貿易保護

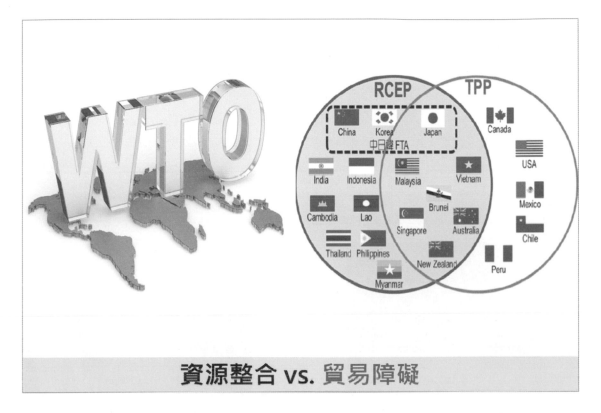

## 資源整合 vs. 貿易障礙

經濟跟政治絕對是掛勾的！人是群聚的動物，有人就有幫派，結黨結派就是為了共同抵抗外來的侵略，鄰近的人會結黨，鄰近的國家也是同樣的道理，這就是區域政治、區域經濟。

鄰近的國家互通有無，熱絡的經濟讓鄰國之間達到資源共享，由於往來密切，為了雙方都能獲利，加速區域經濟發展，因此開始發展出區域經濟，區域內結盟國家交易享有極低的關稅或甚至免稅，如此一來對於非區域內結盟國家就產生關稅差異，形成貿易障礙。

WTO 世界貿易組織的成立就是為了消除貿易障礙，但由於保護主義再次抬頭，區域經濟的崛起，RCEP（東南亞區域全面經濟夥伴關係協定）、TPP（跨太平洋夥伴全面進步協定）都是地緣性結盟的組織。

以外貿導向為經濟主體的台灣，在這場區域經濟賽局中處於非常不利的位置，在政治上若無法躲過中國的封鎖，經濟發展不容樂觀！

# 🔊 中國、美國貿易大戰

經濟之爭？霸權之爭？

美、中貿易大戰誰會贏？筆者這些年來在美、中、台三個地方居住、旅遊、教學，貼近觀察 3 個地方的生活實況，加上客觀數據，我認為：「美國必勝」，分析如下：

> 戰爭初期打的國力，美國年產值 20 兆，中國只有 14 兆。

> 戰爭中後期打的是後勤生產力，美國雖然大多的生產事業都外移，但卻是全世界生產自動化最先進的國家，由美、中兩國人均產值比 6：1，就可知道兩國生產力的懸殊。

> 中國的中興通訊、華為號稱全球通訊電子大廠、技術領先全球，但美國政府限制出售關鍵零組件給中興後，中興頻臨破產。中國近年來科技研發為了快速趕上歐美先進國家，因此採取跳躍式彎道超車策略，因此看起來進步速度飛快，但產品底層的專利技術全部掌握在歐美國家。

表面上看似美、中兩國大戰，事實上又是一次八國聯軍圍剿中國，除非中國願意真正遵守國際貿易規則，否則全球施壓不會停止。

# 貿易內涵

美→中：$2,000億　　中→美：$5,600億

3C產品

⊙ 美國出口到中國的商品每年 $2,000 億，以科技產品、農產品為主。

⊙ 中國出口到美國的商品每年 $5,600 億，以低技術代工產品為主。

美中貿易存在 3,600 億美元的差額，美國以不公平貿易為理由，祭出報復性懲罰關稅，因此展開美中貿易大戰。

⊙ 從雙方出口的產品分析：中國生產的電子產品，若沒有美國的關鍵零組件，根本就全軍覆沒。中國 14 億人口，對於糧食的需求量巨大，除了美國可以供應之外，其他國家生產量根本不足以替代美國，反觀中國出口至美國的產品都是低附加價值、可替代性高的代工產品，改由其他國家進口對美國的影響就是進口物價稍微上漲一點，因此美國底氣十足，絲毫不肯退讓，而中國不斷派出談判代表到美國磋商。

⊙ 從雙方出口的金額分析：中國經濟成長嚴重的仰賴美國的消費，$3,600 億的貿易逆差居全球之冠，俗語說：「拿人手短、吃人嘴軟」。

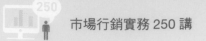

# GDP：國民購買力

車貴不貴？房子貴不貴？探討商品價格外，還必考量收入高低！美國人買一部車 2 萬美元，一點都不貴，一般上班族大約只需要 4~5 個月的薪水，但對於台灣人來說就必須花一年的薪水，因此在美國車子是生活必需品也是消耗品，開 5 年就換車是常態，因為後續的維修費將會高於購買新車，但台灣人就將車視為資產，一輛車平均壽命絕對超過 10 年，因為車貴、維修費便宜！

中國目前是世界第二大經濟體，但除以人口數之後，個人平均 GDP 卻只有美國人的 1/6，實際比較美國與中國的平均薪資水準，也大約是 6:1，也就是說美國人的人均消費力是中國人的 6 倍。

因此美國人出國旅遊的能力較高、購買奢侈品的能力較高、繳稅的能力較高、國家的稅收也較高、政府從事國家建設、國防研發的能力也較強！歐美已開發國家的經濟成長率大約都只有 1%~2%，相對於開發中國家例如中國 6.5% 是偏低的，但大家發現了嗎？中國隨著經濟的崛起，GDP 成長率也悄悄的由 10% 降至 6.5% 了，這是經濟發展的常態！不要認為歐美國家不行了！老話：「餓死的駱駝比馬大」！

# 美國、歐盟貿易大戰

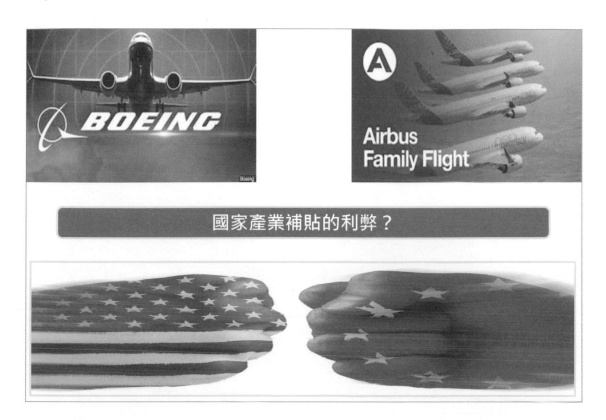

「美、歐貿易衝突在空中巴士（Airbus）、波音（Boeing）的補貼爭議上，已於世界貿易組織（WTO）僵持 15 年，WTO 於 2019/10/2 公布美國對歐關稅報復商品金額，美國將對歐盟課徵新關稅。」

貿易保護阻擋了外國商品進入本國，被阻擋國家勢必祭出相對措施，因此兩國之間都沒有獲得好處，反而是經濟凍結了，你的東西賣不掉，我的東西也賣不掉，但政客的話卻很吸引人：「我為國內增加了 xxx 個工作機會」。

另一種較為高明的騙術就是「國家補貼」，讓本國廠商降低成本以便將產品傾銷到外國，形成不公平貿易，當然外國政府經調查屬實後，必定課以反傾銷關稅，結果還是得不到好處，就是要耍小聰明而已。

貿易保護的原意是希望扶植國內產業，但受保護的產業、廠商真的會積極振作嗎？實際的觀察發現：慈母多敗兒，多半的廠商將政府補助視為發財良機，進行假出口真退稅，假新創真補貼，政府該做的是提供公平的競爭環境，而不是協助國內廠商以不正當行為取得短期的競爭優勢。

# 開放進口：對台灣產業衝擊

為了怕財團炒作農地，台灣農地不准轉賣給不具備農民身分的人，但隨著工商業發達，人口都市化程度嚴重，農村的老人家沒有體力、更無創意從事農業工作，農村嚴重缺乏人力，農地逐漸荒廢，另一方面，許多受過高等教育對農業有興趣、或厭煩都市生活的年輕人，想到鄉下從事精緻農業開發，卻在法令限制下無法取得農地。

台灣加入 WTO 之前，報章雜誌、新聞媒體，一面倒的唱衰台灣農業一定倒，許多蛋頭學者更是大聲疾呼要政府保護農民，錯！錯！錯！用補貼政策收購農產品不是保護農民，相反的，是在糟蹋農民，政府該做的是制定國家可長可久的農地、糧食政策，制定農業創新獎勵辦法，讓想要從事農業的人力可以回流農村，俗語說：「給人魚吃，不如教人釣魚」。

為了因應加入 WTO 對農業的衝擊，台灣立法通過放寬農地自由買賣，大批有志於農業發展的年輕人，回到鄉村開展高附加價值的精緻農業，台灣越光品質媲美日本越光米、古坑咖啡飄香海外、台南蘭花世界奪冠、假日踏青的薰衣草觀光花園是國人假日休閒旅遊的最佳景點。

# 🔊 開放進口：中國的覺醒

中國對於外商進入中國市場抱持著：「既期待、又怕受傷害」的心情，因此近年來都採取合營策略，舉例說：德國福斯車廠要進入中國，就必須與中國國內車商共同經營，另外成立一家公司，雙方各持股50%（例如上圖中：江淮－大眾），並進行技術轉移，以培植中國國內汽車產業的發展。

台灣早期汽車工業也是採取相同的方法，結果也是培養出只賺政府補助，卻不思振作的裕隆汽車，當然目前中國汽車產業的發展結果，也和台灣差不多，還是那一句話：「溫室只會讓花朵喪失抵抗力」。

TESLA 目前獲得中國政府正式批准，成為第一家在中國 100% 獨資經營的外國車廠，TESLA 擁有全球最頂尖電動車製造技術，勢必對中國新創的新能源車產業產生巨大衝擊，中國的產業政策為何出現如此重大改變呢？中國政府希望TESLA 扮演鯰魚的角色，激起中國車廠的求生意志，進而達到技術升級的目的，那為什麼是 TESLA 而不是其他歐洲車廠呢？因為 TESLA 擁有最頂尖的純電動製造工藝。

# 🔊 美國貧民餐點 → 中國富人餐點

商品定價與商品定位在全球化貿易中是一個很有趣的話題,以美國的平民食品麥當勞漢堡為例,在美國就叫做:銅板美食、速食、垃圾食物、…,到了中國卻立刻變身:美國品牌、舶來品、小朋友的最愛,最根本的原因在於國民所得差距太大。

一個美國漢堡 3 美元,對於最低時薪 7.5 美元的美國人而言是很便宜的,但對於中國時薪只有 10 人民幣的低薪國家卻是很貴的,因此麥當勞進入中國市場後就必須調整目標消費者的層級,行銷策略也產生 180 度大轉變:

> 都會區黃金店面

> 兒童遊樂區、兒童慶生活動、兒童集點小贈品

對於少子化且處於高度經濟成長的中國,都會區的高消費族群龐大,30 年前的台灣麥當勞也採取相同的行銷策略,當然也獲得極大的成功,因此國際品牌在全球的在地化調整是成敗的關鍵。

# 產業鏈

**圖解蘋果供應鏈**

**相機頭**
- 大立光、玉晶光等
- 台系供應商為主

**軟板**
- 臻鼎、台郡等
- 新增雙 SIM 軟板功能

**A12 處理器晶片**
- 台積電
- 僅台積電能供應 7 奈米客製應用

**NAND 記憶體**
- 東芝、SK Hynix 和三星電子
- 首度增 512GB 版本

**組裝**
- 鴻海
- 外傳鴻海集團仍包辦大尺寸機種生產

**無線通訊晶片**
- 高通
- 和 iphone X 供應商差異不大

**顯示與觸控面板**
- 三星集團
- OLED 顯示仍以韓系為主

**射頻與功率放大器模組**
- Skyworks、Qorvo、博通、TDK Epcos 等
- 和 iphone X 供應商差異不大

**複合板與載板**
- 華通、景碩、欣興等
- 個別供貨比重略有調整

**機殼**
- 鴻準、可成
- 台系供應商為主

以 APPLE 全球供應鏈為例，APPLE 站在供應鏈的最頂端，負責產品研發、設計，根據設計圖，將全部零件全球發包生產，最後委由鴻海全球代工廠組裝後發送全球經銷商，最後與全球電信商作策略結盟，由電信商作為行銷及最大通路。

在整個供應鏈中，APPLE 獨家取得產品毛利 47%，零件生產代工的利潤較為微薄，其中 CPU 原本由南韓三星接單，近幾年台灣台積電在 CEO 張忠謀的領軍下，技術及產品效能遠超三星，因此奪得 APPLE 手機 CPU 訂單，可分得產品毛利 7%，鴻海完成整機的組裝、檢驗、配送，只分得產品毛利 5%，這就是殘酷的供應鏈分配情況，創新、技術、知識產權主導一切，因此老美吃肉，台灣只能喝湯，當銷售量驟降時，APPLE 直接砍單，所有的庫存壓力、工廠維持成本的風險全部落在代工廠商身上，因此美國股市小跌，全球股市受牽連卻是大跌。

## 產業聚落的轉移

美國是今日全球的唯一強權，也是近代各項新創產業的發源地，但 200 多年前英國人移民美洲時，美國也是毫無工業、科技基礎的，隨著日後經濟發達、產業升級，美國廠商才將勞力密集產業全部外移至日本，造成日本 80 年代的經濟奇蹟。相同的，日本的產業升級後，也把低階的產業外移至台灣、南韓，而後，20 年前台灣的廠商也紛紛外移到中國設廠。

今天中國崛起了、有錢了！薪資不低了，土地貴了，環境也不給汙染了，外商投資的誘因都消失了，再加上美、中貿易大戰，多數廠商急速撤離中國，又一次的產業鏈遷徙發生了，這一次的目的地是東南亞，特別是越南，投資越南的誘因還是一樣的：薪水低、土地便宜、可以汙染的環境。

川普大力鼓吹廠商回美國，可能成真嗎？當自動駕駛已經開始入侵到我們的生活，自動化、智能化生產已經不是科幻情節，相信在不久的將來，以機器人為主的關燈工廠將會成為主流，開發中國家今天的低價優勢也將喪失殆盡。

# 消費者需求差異

有句諺語：「一種米養百種人」，全球化企業所面臨的卻是更為嚴峻的「百種米養萬種人」，文化、宗教、氣候、所得、教育、…都對消費需求產生重大差異，以下列舉 3 個代表性案例：

| | |
|---|---|
| 宗教 | 伊斯蘭教是全球第二大宗教（人口比例 23.4%），全球約有 16 億穆斯林（伊斯蘭教教徒）。伊斯蘭教禁食豬肉，因此取得伊斯蘭教食品認證，對於將商品外銷到伊斯蘭國家是一個相當重要的事。 |
| 所得 | 中國改革開放 40 年讓部分人富起來，但多數偏鄉居民仍然是貧窮的，中國拚多多就特別瞄準經濟弱勢族群，推出獨特的行銷策略：<br>A. 多人併單集體議價<br>B. 偽、劣產品降低價格 |
| 人權 | 已開發國家對於人身安全、財產保障十分完整，因此保險業十分發達，房屋險、車輛險、健康險、產品險、…，幾乎生活中任何東西都必須買保險，保險費也佔生活消費很大比例。 |

# 法令限制

文化、風俗習慣、宗教都是長期積累而成,不會臨時改變,但貿易法規、勞動法規、房地產稅法,卻是隨著政策、經濟起伏、貿易戰爭等因素而隨時改變的,對於跨國企業而言,都是超越一般認知的,以下列舉幾個案例:

| 外匯管制 | 為穩定國內金融秩序、人民幣穩定,中國政府對於外資進出有嚴格規定,因此外商大多在香港成立公司,透過香港投資中國,就是怕賺的錢出不來,中美貿易大戰期間情況尤為嚴重。 |
| --- | --- |
| 行業管制 | 開發中國家為保護國內企業,經常對外商設下重重限制,例如:特許行業、合資比例、…,又例如以國家安全為由,限制外商經營或投資。 |
| 勞動法令 | 菲律賓人民在領到薪水之後,是領多少花多少,缺乏理財的概念,因此菲國勞動法規規定:每月發薪次數不得低於兩次,以避免月初領薪水月中就被花光,生活產生問題。 |

# 全球大廠與區域小廠的競合關係

地球村的時代來臨，出國旅遊、出差、移民成為很普通的事情，我們平日隨身攜帶的手機在國內使用不是問題，一旦出國了，使用國外漫遊的費率是相當驚人的！

舉一個實例：筆者的女兒在技嘉美國分公司上班，一年兩次回台灣開會，她選擇的通訊公司是美國 T-Mobile，是一家全球化通訊公司，與多數國家的通訊公司有合作關係，筆者女兒回台灣工作時，不需換手機、不需換門號、不超過基本通訊量的情況下沒有額外費用，這對於經常全球出差的商務人士來說非常便利。

全球化企業支撐起一張大網，將所有國家的在地企業整合進來，對全球商務提供最佳商務解決方案，通訊產業：T-Mobile、電子商務：Amazon、運輸產業：FedEx，都是國際資源整合的經典案例。

## 習題

( ) 1. 下列關於國際行銷的敘述，何者有誤？

(A) 每一個地區、國家都有差異性

(B) 可依據本國成功的行銷經驗，複製到海外市場

(C) 進軍海外市場時，首要工作為針對再室國家進行深入研究

(D) 隔行如隔山

( ) 2. 下列關於已開發國家 - 美國的敘述何者錯誤？

(A) 社會福利來自於稅收

(B) 美國是一個高稅率的國家

(C) 在美國對於個人理財規畫提供各項所得扣除額

(D) 在美國，流浪漢是沒有人權的

( ) 3. 下列敘述何者正確？

(A) 低房價 + 高房產稅 + 高社區管理費 → 環境優的平價住宅

(B) 低房價 + 低房產稅 + 高社區管理費 → 環境優的平價住宅

(C) 低房價 + 低房產稅 + 低社區管理費 → 環境優的平價住宅

(D) 低房價 + 高房產稅 + 低社區管理費 → 環境優的平價住宅

( ) 4. 下列敘述何者正確？

(A) 歐盟是全球環保法規最嚴謹的區域

(B) 美國是全球環保法規最嚴謹的區域

(C) 太平洋聯盟是全球環保法規最嚴謹的區域

(D) 法國是全球環保法規最嚴謹的區域

( ) 5. 下列有關日本的敘述，何者錯誤？

(A) 是一個地狹人稠的海島國家，天然資源也相當匱乏的國家

(B) 對於各種專業的職人給予很高的社會評價

(C) 各種產業的達人社會地位與薪資都不高

(D) 到日本觀光第一個感覺就是「精緻」，任何事物都井然有序、一絲不苟

( ) 6. 下列有關印度的敘述，何者錯誤？

(A) 印度是一個奉行種姓制度的國家，人民的社會階級是世襲的

(B) 印度的教育普及率很低、文盲很多，因此「計算」能力也差

(C) 是一個宗教領政的國家，因此印度教教義高於一切

(D) 為少數擁有核武的國家之一

( ) 7. 下列有關中國的敘述，何者錯誤？

(A) 在政府強力扶植下，若干企業已擠身世界舞台，例如：阿里巴巴的電子商務、華為的 5G

(B) 多數的大陸企業仍是靠著政府：政策、補助與技術剽竊作為發展的策略

(C) 無論在技術或公司規模，大陸企業都已具備全球競爭力

(D) 中國的崛起除了改革開放外，也歸功於中國龐大人口所帶來的紅利

( ) 8. 有關多功能整合的會展中心的敘述，何者為非？

(A) 參展廠商多，一站購足

(B) 會場多半鄰近市中心或都會區內

(C) 鄰近產業園區方便國際大買家參訪企業、工廠

(D) 企業不再是單兵作戰，對於產業整體提升有莫大的效果

( ) 9. 下列有關機場設施的敘述，何者正確？

(A) 會展中心：國家對於經濟發展整合的實力展現

(B) 免稅商店：展現對不同文化的包容力

(C) 建築設計：展現國家基礎建設與資源整合實力

(D) 餐廳：最能體現公民教育的場所

( ) 10. 美國是資本主義的代表，各種娛樂都達到商業化的極致，最具代表性的 4 個產業為：

(A) 電影、主題樂園、劇場、賭場

(B) 電視影集、電影、主題樂園、職業運動

(C) 電影、職業運動、卡通王國、賭場

(D) 劇場、電影、電視影集、主題樂園、

( ) 11. 下列敘述，何者正確？

(A) 到訪過歐洲的遊客在震驚之餘，重複造訪的機會極低，消費單價低

(B) 歐洲古蹟周邊的配套措施包含：規劃完整的高級飯店、旅遊景點、高檔購物商城，讓遊客錢花得心甘情願

(C) 埃及的金字塔、中國的萬里長城，觀光客重複造廠的機會極高

(D) 歐洲多國共同建立政治及經濟聯盟，各國貨幣可在多國流通，無須建立統一貨幣

( ) 12. 有關日本達人文化的敘述，下列何者為非？

(A) 各個產業的達人窮其一生，就專注在一件工作、一項技藝，對於各項事務都追求細緻、完美

(B) 這是一種文化，透過家庭教育、學校教育與職場倫理所建構出來的

(C) 早期日本 3C 產品、家電產品在市場上佔有領先地位，但隨著經濟的沒落，領先地位逐漸被韓國三星、中國海爾等後起之秀取代

(D) 日本的餐飲不是最好吃的，卻是最好看的

( ) 13. 下列何者非日本觀光產業給觀光客的印象？

(A) 精緻服務、價格透明　　　　(B) 精緻餐點、坑殺遊客

(C) 精緻景點、清潔衛生　　　　(D) 便捷的大眾運輸網絡

( ) 14. 下列有關韓國 - 文創輸出的敘述，何者錯誤？

(A) 成立「文化產業振興院」等多個文化產業相關機構

(B) 戰略重點包括：旅遊觀光、電子競技、服飾、飲食等，形成一個全方位的文化產業鏈

(C) 文化產業為韓國創造外匯第一多的產業

(D) 先後頒布《文化產業振興基本法》等多項文化產業相關法規

( ) 15. 20 世紀 60 年代至 90 年代，韓國大力發展外向型經濟，此一系列過程，被稱為「漢江奇蹟」，此一系列過程不包括：

(A) 都市化　　(B) 工業化　　(C) 科技化　　(D) 國際化

( ) 16. 下列有關韓國財團旗下產業的敘述，何者正確？

(A) 三星：商社、電子、重工

(B) 現代：汽車、建築、國防

(C) LG：家電、合成纖維、商社

(D) 樂天：飯店、超市、教育

( ) 17. 下列有關新加坡的敘述，何者錯誤？

(A) 土地面積只有台灣新北市 1/3

(B) 全球重要的金融中心、運籌中心

(C) 國民對於政府官員的高薪制度頗不認同

(D) 卓越的經濟發展根植於政府的廉潔

( ) 18. 下列有關中國 - 世界之最的敘述，何者錯誤？

(A) 萬里長城見證古老中國的廣闊疆域與工程建設的實力

(B) 長江三峽建造世界最大的水力發電工程

(C) 黃河流域青藏高原附近建造世界最大的水力發電工程

(D) 港珠澳大橋串聯香港、珠海、澳門三地經濟與產業

( ) 19. 下列有關台灣的敘述，何者錯誤？

(A) 最美的風景是人

(B) 由政府主導的產業轉業轉型政策失敗，台灣的經濟發展幾乎停頓了 20 年

(C) 台灣的花蓮、台東擁有世界級的地理景觀

(D) 許多年輕人回歸農村從事低產值精緻農業，發展休閒觀光產業

( ) 20. 下列配對，何者錯誤？

(A) MFN- 多邊貿易協定

(B) RCEP- 東南亞區域全面經濟夥伴關係協定

(C) TPP- 跨太平洋夥伴全面進步協定

(D) WTO- 世界貿易組織

( ) 21. 中國、美國貿易大戰，筆者認為美國必勝的原因不包括：

(A) 戰爭初期打的國力，美國年產值 20 兆，中國只有 14 兆

(B) 戰爭中後期打的是後勤生產力，美、中兩國人均產值比 6：1

(C) 美國是世界第一大經濟體

(D) 產品底層的專利技術全部掌握在歐美國家

( ) 22. 下列有關貿易內涵的敘述，何者有誤？

(A) 美國對中國有貿易逆差

(B) 中國對美國有貿易逆差

(C) 中國出口到美國的商品，以低技術代工產品為主

(D) 美國出口到中國的商品，以科技產品、農產品為主

( ) 23. 下列有關美國與中國國民購買力比較的敘述，何者有誤？

(A) 美國人的人均消費力是中國人的 6 倍

(B) 美國的經濟成長率較高

(C) 美國人繳稅的能力較高

(D) 美國人出國旅遊的能力較高

( ) 24. 下列有關貿易的敘述，何者有誤？

(A) 貿易保護可阻擋外國商品進入本國

(B) 透過國家補貼，可讓本國廠商降低成本以便將產品銷售到外國

(C) 波音為一家美國民航飛機製造公司

(D) 空中巴士為一家美國民航飛機製造公司

( ) 25. 為了因應加入 WTO 對農業的衝擊，台灣立法通過放寬農地自由買賣，大批有志於農業發展的年輕人，回到鄉村開展高附加價值的精緻農業，成功的案例包括：

(A) 台灣越光米品質媲美日本越光米　　(B) 古坑咖啡飄香海外

(C) 台南蘭花世界奪冠　　　　　　　　(D) 以上皆是

( ) 26. 鯰魚效應（Catfish Effect）是指透過引入強者，激發弱者變強的一種效應下列敘述何者正確？
   (A) 德國福斯車廠為第一家在中國 100% 獨資經營的外國車廠
   (B) 裕隆汽車擁有全球最頂尖電動車製造技術
   (C) 中國政府希望 LUXGEN 扮演鯰魚的角色
   (D) TESLA 為第一家在中國 100% 獨資經營的外國車廠

( ) 27. 國際品牌在全球的在地化調整是成敗的關鍵，麥當勞進入中國市場後所採取的行銷策略為：
   (A) 都會區黃金店面            (B) 兒童遊樂區
   (C) 兒童慶生活動            (D) 以上皆是

( ) 28. 有關 APPLE 全球供應鏈的敘述，何者有誤？
   (A) CPU：三星、台積電        (B) 組裝、檢驗、配送：鴻海
   (C) 產品研發、設計：APPLE     (D) 產品研發、設計：台積電

( ) 29. 美國是今日全球的唯一強權，也是近代各項新創產業的發源地，下列有關產業聚落轉移的敘述，何者錯誤？
   (A) 美國 → 日本 → 台灣、南韓 → 中國 → 東南亞
   (B) 美國 → 台灣 → 日本、南韓 → 中國 → 東南亞
   (C) 美國 → 日本 → 南韓 → 台灣、中國 → 東南亞
   (D) 美國 → 日本、南韓 → 台灣 → 中國 → 東南亞

( ) 30. 下列有關消費者需求差異的敘述，何者有誤？
   (A) 伊斯蘭教禁食豬肉
   (B) 開發中國家保險費佔生活消費很大比例
   (C) 中國拚多多瞄準經濟弱勢族群，推出獨特的行銷策略
   (D) 已開發國家保險業十分發達

( ) 31. 下列有關法令限制的敘述，何者正確？
   (A) 為穩定國內金融秩序、人民幣穩定，中國政府對於外資進出有嚴格規定
   (B) 開發中國家為保護國內企業，經常對外商設下重重限制
   (C) 菲國勞動法規規定：每月發薪次數不得低於兩次
   (D) 以上皆是

( ) 32. 全球化企業支撐起一張大網，將所有國家的在地企業整合進來，對全球商務提供最佳商務解決方案。國際資源整合的經典案例包括：
   (A) 通訊產業：T-Mobile        (B) 電子商務：Amazon
   (C) 運輸產業：FedEx          (D) 以上皆是

習題解答

# Chapter 1　不可不知的經濟學

| 1. | C | 2. | A | 3. | C | 4. | D | 5. | B | 6. | C |
|----|---|----|---|----|---|----|---|----|---|----|---|
| 7. | B | 8. | B | 9. | C | 10. | B | 11. | D | 12. | C |
| 13. | A | 14. | D | 15. | D | 16. | B | 17. | D | 18. | B |
| 19. | D | | | | | | | | | | |

# Chapter 2　消費者需求

| 1. | C | 2. | D | 3. | C | 4. | B | 5. | D | 6. | A |
|----|---|----|---|----|---|----|---|----|---|----|---|
| 7. | C | 8. | D | 9. | D | 10. | C | 11. | C | 12. | B |
| 13. | D | 14. | C | 15. | D | 16. | D | 17. | C | 18. | D |
| 19. | C | 20. | D | 21. | D | 22. | D | 23. | A | 24. | D |
| 25. | D | | | | | | | | | | |

# Chapter 3　行銷概論

| 1. | A | 2. | C | 3. | D | 4. | D | 5. | C | 6. | D |
|----|---|----|---|----|---|----|---|----|---|----|---|
| 7. | A | 8. | D | 9. | C | 10. | D | 11. | B | 12. | D |
| 13. | C | 14. | A | 15. | D | 16. | D | 17. | D | 18. | A |
| 19. | A | 20. | D | 21. | B | 22. | D | 23. | B | 24. | D |
| 25. | D | 26. | A | 27. | D | | | | | | | |

# Chapter 4　Price 價格：定價策略與消費者定位

| 1. | B | 2. | A | 3. | B | 4. | A | 5. | A | 6. | C |
|----|---|----|---|----|---|----|---|----|---|----|---|
| 7. | B | 8. | A | 9. | A | 10. | C | 11. | B | 12. | C |
| 13. | A | 14. | A | 15. | D | 16. | C | 17. | D | 18. | D |
| 19. | D | | | | | | | | | | |

## Chapter 5　Product 產品：
### 產品研發、設計、組合對市場的影響

| 1. | A | 2. | D | 3. | C | 4. | D | 5. | C | 6. | D |
|----|---|----|---|----|---|----|---|----|---|----|---|
| 7. | D | 8. | A | 9. | C | 10. | D | 11. | D | 12. | D |
| 13. | B | 14. | A | 15. | C | 16. | C | 17. | B | 18. | D |
| 19. | C | 20. | C | 21. | B | 22. | D | 23. | C | 24. | C |
| 25. | D | 26. | A | 27. | D | 28. | B | | | | |

## Chapter 6　Place 通路：
### 通路選擇、通路轉移對市場的影響

| 1. | C | 2. | C | 3. | D | 4. | C | 5. | D | 6. | C |
|----|---|----|---|----|---|----|---|----|---|----|---|
| 7. | B | 8. | B | 9. | D | 10. | C | 11. | D | 12. | B |
| 13. | C | 14. | B | 15. | C | 16. | C | 17. | D | 18. | B |
| 19. | D | 20. | D | 21. | A | 22. | D | 23. | C | 24. | A |
| 25. | D | 26. | D | 27. | C | 28. | C | 29. | D | 30. | D |
| 31. | B | 32. | D | | | | | | | | |

## Chapter 7　Promotion
### 促銷：促銷活動、策略個案探討

| 1. | A | 2. | C | 3. | C | 4. | B | 5. | C | 6. | B |
|----|---|----|---|----|---|----|---|----|---|----|---|
| 7. | D | 8. | B | 9. | B | 10. | D | 11. | C | 12. | B |
| 13. | C | 14. | C | 15. | B | 16. | C | 17. | D | 18. | D |
| 19. | D | 20. | B | 21. | D | 22. | D | 23. | D | 24. | D |
| 25. | D | 26. | D | 27. | A | 28. | D | 29. | A | 30. | B |
| 31. | D | 32. | C | 33. | D | 34. | C | 35. | D | 36. | C |
| 37. | A | 38. | A | 39. | D | 40. | C | 41. | D | | |

# Chapter 8　國際行銷：全球化企業的個案探討

| | | | | | | | | | | | |
|---|---|---|---|---|---|---|---|---|---|---|---|
| 1. | B | 2. | D | 3. | A | 4. | A | 5. | C | 6. | B |
| 7. | C | 8. | B | 9. | A | 10. | C | 11. | B | 12. | C |
| 13. | B | 14. | C | 15. | A | 16. | A | 17. | C | 18. | C |
| 19. | D | 20. | A | 21. | C | 22. | B | 23. | B | 24. | D |
| 25. | D | 26. | D | 27. | D | 28. | D | 29. | A | 30. | B |
| 31. | D | 32. | D | | | | | | | | |

# 市場行銷實務 250 講｜市場行銷基礎檢定認證教材

作　　者：林文恭 / 俞秀美
企劃編輯：郭季柔
文字編輯：王雅雯
設計裝幀：張寶莉
發 行 人：廖文良

發 行 所：碁峰資訊股份有限公司
地　　址：台北市南港區三重路 66 號 7 樓之 6
電　　話：(02)2788-2408
傳　　真：(02)8192-4433
網　　站：www.gotop.com.tw
書　　號：AER055400
版　　次：2020 年 02 月初版
　　　　　2021 年 09 月初版二刷
建議售價：NT$390

國家圖書館出版品預行編目資料

市場行銷實務 250 講：市場行銷基礎檢定認證教材 / 林文恭, 俞
　秀美著.-- 初版.-- 臺北市：碁峰資訊, 2020.02
　　面；　　公分
　　ISBN 978-986-502-391-1(平裝)
　　1.行銷學
496　　　　　　　　　　　　　　　　　　　108022374